AVIS

En publiant, non-seulement un compte-rendu, mais une relation complète et exacte de l'Exposition et de la Fête agricoles d'Oran en 1869, nous avons eu l'intention, d'abord d'en consacrer le souvenir, ensuite d'être agréable aux exposants et à tous ceux qui se sont òccupés de la solennité, comme aussi de procurer aux contrées qui seraient disposées à imiter la province d'Oran une sorte de *Manuel* qui ne pourra manquer de leur être utile en leur évitant bien des tâtonnements.

Si notre idée est trouvée bonne, nous nous en féliciterons.

A. Pignel.

RELATION ET COMPTE RENDU

DE L'EXPOSITION ET DE LA FÊTE

AGRICOLES

RELATION ET COMPTE RENDU

DE

L'EXPOSITION

ET DE

LA FÊTE

AGRICOLES

ORGANISÉES PAR L'INITIATIVE PRIVÉE

A ORAN EN 1869

par

M. A. PIGNEL

ANCIEN INSPECTEUR DE LA COLONISATION, COMMISSAIRE GÉNÉRAL
DE LA DITE EXPOSITION

ORAN

TYPOGRAPHIE ET LITHOGRAPHIE A. PERRIER

9, Boulevard Oudinot, 9

1869

RELATION ET COMPTE RENDU

DE L'EXPOSITION ET DE LA FÊTE AGRICOLES

organisées par l'initiative privée

A ORAN EN 1869

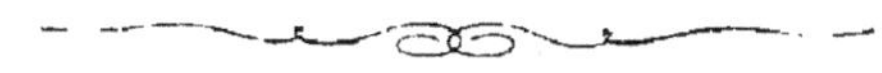

I

Les Expositions en général, celles agricoles en particulier, sont, quoi qu'on en dise, le baromètre de la
prospérité d'un pays ; mais il ne faut pas en abuser.

Il fut un temps où toutes les années il y avait, dans
chaque province de l'Algérie, plusieurs Expositions
agricoles, sans compter celles qui avaient lieu à Paris
et dans diverses villes de France, ainsi qu'à Londres et
autres villes de l'étranger, et pour lesquelles des appels
réitérés étaient faits aux producteurs africains, qui,
après y avoir répondu avec assiduité, même avec zèle,
avaient fini par se lasser des Concours et ne plus vouloir en entendre parler.

L'engouement pour cette représentation de la Colonie
partout et toujours, s'étant donc calmé, et *cinq années*
s'étant écoulées depuis la dernière Exposition générale
qui a eu lieu à Oran, *le besoin se faisait sentir,* — et
on peut, cette fois, employer la phrase fort à propos, —

le besoin, disons-nous, se faisait sentir d'en avoir une nouvelle.

Des citoyens qui ont vu naître et grandir l'Algérie, et pour qui elle est devenue depuis longtemps la véritable patrie, qui l'aiment comme on aime le toit qui vous a vu naître, ou comme la demeure qu'on s'est fait construire, l'arbre que l'on a planté dans son jardin, avec l'espoir qu'un jour maison et jardin seront le patrimoine de ses enfants; des citoyens, donc, ont pensé que le moment était venu de consulter les progrès réalisés par le pays, comme on consulte le baromètre, et ils ont conçu l'idée de créer à cette fin, par le seul fait de *l'initiative privée*, l'Exposition dont nous allons rendre compte.

L'occasion était d'ailleurs favorable ; car, après trois années désastreuses, deux campagnes généralement bonnes avaient effacé bien des misères, et, pour la première fois le bien-être et l'aisance étaient entrés dans la maison de la plupart de nos colons. Mais, pour atteindre le but proposé, il fallait *de l'argent*, nerf des Expositions, comme de l'agriculture et de la guerre.

Cette considération rendait certainement l'entreprise téméraire autant que hasardeuse; car elle n'avait point encore de précédents ni en France ni en Algérie, et on n'organise pas une Exposition provinciale sans pouvoir disposer de ressources assez considérables. Nous n'avions donc qu'un moyen à tenter pour nous en constituer, c'était l'ouverture d'une souscription. Toutefois, si une population tout entière souscrit volontiers pour une œuvre de bienfaisance, pour un monument national, pour un bal même, elle est défiante quand il s'agit d'une chose nouvelle dont les avantages ou le succès ne lui sont pas bien démontrés. Puis, en Algérie, on est si habitué à compter sur l'Administration pour tout ce qui est d'un intérêt général, que malgré le désir sans cesse manifesté de s'affranchir de son action, on ne croit pas pouvoir se passer d'elle dès qu'il s'agit de délier les cordons de la bourse.

Dans la situation il importait de trouver une combinaison qui donnât quelque attrait à la souscription, qui offrit quelques séductions aux exposants, enfin qui put faire entrer dans l'esprit de tous la pensée d'une réussite très-possible.

Cette combinaison on a cru la trouver dans les dispositions suivantes :

Diviser dans des proportions relatives le produit des souscriptions en quatre parts pour être employées, savoir :

La première aux frais d'organisation et d'installation de l'Exposition ainsi que d'une Fête qui la terminerait ;

La deuxième à former une certaine quantité de primes en argent, pour être attribuées aux exposants dont les produits seraient les plus méritants ;

La troisième à l'achat d'une partie des plus beaux produits exposés, pour composer des lots qui seraient tirés au sort entre tous les souscripteurs sans exception ;

Enfin, la quatrième, à l'achat aussi de produits exposés, pour alimenter un Banquet qui serait le couronnement de l'œuvre en question et constituerait la Fête agricole.

De cette manière les exposants, outre l'occasion de faire connaître leurs produits, avaient la perspective de vendre tout ou partie de ceux qu'ils présentaient au Concours, d'obtenir des récompenses pour ceux qui seraient le plus remarqués, et de gagner un lot des objets destinés à la loterie.

Enfin, le Banquet auquel tous les habitants de la Province, souscrivant pour un minimum déterminé, étaient appelés à prendre part, devait être l'occasion d'une Fête de famille où se trouveraient réunis l'homme des champs et le citadin, le prêtre et le soldat, en un mot, l'agriculture, l'industrie, le commerce.

Et cette réunion devait permettre, ce qui n'avait jamais eu lieu jusqu'à ce jour, aux habitants des villes et des campagnes, aux Européens de tous les pays, devenus Algériens, et aux indigènes israélites et musulmans, de resserrer les liens de fraternité qui doivent les unir, et de se communiquer leurs idées.

Ces principes fondamentaux de l'entreprise, dont on ne pouvait espérer que de bons résultats pour la Colonie, ayant été portés à la connaissance du public et généralement approuvés comme d'une exécution facile, non-seulement dans la province d'Oran, mais encore dans celles d'Alger et de Constantine, un Comité fut formé pour arrêter les mesures nécessaires au succès de l'œuvre.

Nous donnons ici les noms de ses membres.

COMITÉ PROVINCIAL

M. Jules Du Pré de Saint-Maur, membre du Conseil général et président de la Chambre consultative d'Agriculture de la province d'Oran, président.

M. A. Calmels, président du Comice Agricole et vice-président de la Chambre consultative d'Agriculture, premier vice-président.

M. Sazie, président de la Chambre de Commerce, remplacé ultérieurement pour cause d'absence par M. Corre, président du Tribunal de commerce, deuxième vice-président.

M. A. Pignel, ancien inspecteur de colonisation, membre de la Chambre consultative d'Agriculture, secrétaire et commissaire général.

M. Santrot, vétérinaire du département, secrétaire-adjoint.

M. J. Giraud, banquier, trésorier.

M. Daudé, père, propriétaire, administrateur de la Caisse d'Épargne et du Collége communal, trésorier-adjoint.

MEMBRES

MM. Royer (Joseph), propriétaire.

Janer, receveur principal des Douanes.

David-ben-Haïm, membre de la Chambre de commerce.

Domecq, propriétaire.

Chabbat, propriétaire et négociant.

Rouzier, représentant du commerce.

MM. Husson, membre de la Chambre de commerce.
    Saintjean,   id.   id.
    Corre, président du Tribunal de commerce.
    Meuriot, négociant et membre du tribunal de
        commerce.
    Barthe,   id.   id.
    Gradvohl,   id.   id.
    Schneider, père, propriétaire.
    Fonteneau, docteur-médecin.
    Karouby Messaoud, propriétaire et négociant.
    Bués, propriétaire.
    Boyron, docteur-médecin.
    Mohammed-Bel-Hadj-Hassen, membre du Conseil
        général, adjoint au Maire de la ville d'Oran.

M. le Préfet du département, M. le Maire de la ville
d'Oran, préalablement consultés, voulurent bien ac-
cueillir le projet de l'Exposition et de ses suites, l'encourager et promettre au Comité un concours bienveil-
lant que jusqu'à la fin ils n'ont cessé de lui donner.

Ensuite, des affiches et des circulaires annonçant
l'Exposition, son but et ses conditions, furent répandues
dans toute la Province, et des listes imprimées destinées
à recevoir les souscriptions furent préparées en grand
nombre.

Par un motif de convenance qu'on appréciera, une
de ces listes fut adressée à chaque Chef de service de
l'ordre administratif, puis à tous les fonctionnaires publics de la Province avec prière d'y consigner les
adhésions qu'ils pourraient recueillir respectivement.

D'autres listes, dites urbaines, furent mises en circulation dans la ville d'Oran.

Le Comité, devenu Comité central ou provincial, se mit en rapport avec tous les Comices agricoles, les Syndicats des eaux et bon nombre de personnes influentes, en sollicitant aussi leur collaboration, soit en formant des sous-comités, soit en agissant individuellement, et sauf quelques abstentions regrettables que rien ne justifie, de partout le Comité provincial a été secondé avec le plus chaleureux empressement.

Les organes de la Presse à Oran ont, par leur sympathie pour les fondateurs de l'œuvre et leur dévouement aux intérêts de la Colonie, rendu de leur côté le plus grand service à l'entreprise.

Une fois sûr de la réussite le Comité provincial a voulu témoigner de sa déférence à tous les souscripteurs déjà connus, et par un procédé loyal il les a convoqués en assemblée générale pour leur rendre compte de la situation, des mesures prises et de celles restant à prendre, ainsi que du programme projeté pour l'Exposition et la Fête.

Cela fait, le Comité provincial, par l'organe de M. le premier Vice-Président, a invité l'assemblée à délibérer sur la question de savoir si ce Comité devait être confirmé, modifié ou renouvelé.

L'assemblée ayant déclaré approuver tout ce qui avait été fait et ce qui restait à faire, y compris le projet de programme, a, par une décision prise à l'unanimité, maintenu dans ses fonctions le Comité provincial actuel, sans aucune modification, et a bien voulu lui accorder des éloges en lui donnant toute autorisation pour agir comme il lui semblerait à propos, dans l'intérêt et en vue du succès de l'entreprise.

Ensuite, séance tenante, l'assemblée a nommé par voie d'élection les membres du Jury chargés de visiter les produits de l'Exposition, de déterminer les primes, de former les lots, etc. Nous donnerons plus loin leurs noms, observation faite que les maires et adjoints des communes rurales devaient de droit faire partie du Jury en question.

Il s'agissait aussi de fixer définitivement la durée de l'Exposition, ainsi que le jour et les heures de la proclamation des lauréats, du tirage au sort des lots, du lieu, du jour et de l'heure du Banquet.

Comme il avait déjà été annoncé par le Comité provincial, on est tombé d'accord :

Que l'Exposition aurait lieu en même temps et sur le même emplacement que le Concours général de bestiaux tenu à Oran, place Napoléon, sous les auspices de l'Administration civile et devant ouvrir le 30 octobre pour être clos le 1ᵉʳ novembre ;

Qu'en ouvrant le même jour, l'Exposition durerait jusqu'au 4 novembre inclus ;

Que ce même jour encore aurait lieu, dans l'enceinte des locaux du Concours de bestiaux et de l'Exposition, savoir :

A 9 heures du matin la proclamation des lauréats ;

A 10 heures le tirage au sort entre les souscripteurs des lots qu'on aurait pu composer avec les fonds disponibles ;

A 11 heures le paiement des primes aux lauréats et la délivrance des lots gagnés ;

Enfin, à midi précis, le Banquet.

Cette coïncidence de l'Exposition avec le Concours de bestiaux et même avec l'ouverture de la Foire d'Oran, ne pouvait qu'être profitable à l'une et à l'autre de ces trois occasions de concours de visiteurs, et c'est ce qu'on a pu constater.

Quant au Banquet, l'affluence prévue des convives ne permettait pas de le faire ailleurs que sur le lieu de l'Exposition, se trouvant au milieu de la ville, et c'était, en effet, l'emplacement le mieux choisi pour une solennité qui devait être, comme elle l'a été réellement, une fête publique.

Toutes les dispositions mentionnées ci-dessus, arrêtées en assemblée générale, le programme définitif de l'Exposition et de la Fête a été publié dans toutes les localités de la Province.

Aussitôt, le Comité central s'est préoccupé de la construction des baraques destinées à l'Exposition.

La ville, faisant édifier celles destinées au Concours de bestiaux, voulut bien, à la sollicitation du Comité, en faire ériger une pour l'Exposition, et, à cet effet, le Conseil municipal a voté gracieusement la dépense nécessaire.

Malheureusement cette baraque s'est trouvée, comme celles destinées aux bestiaux, de moitié trop petite, tant étaient considérables les produits exhibés.

L'un des plans ci-joints, celui n° 1, donne la configuration et les dimensions de toutes les baraques. Seulement nous mentionnerons que dans celle réservée à l'Exposition régnaient tout autour, à 80 cent. au-dessus du sol, trois rangs de gradins.

Dans le milieu de la salle une étagère, aussi avec trois gradins, recouvrait les cages établies pour la volaille.

Entrepreneur : M. Maitre, menuisier à Oran, secondé par son fils.

Architecte dirigeant les travaux : M. Droz.

Enfin le jour de l'Exposition est arrivé.

Dès la veille au soir la foule, forçant la consigne des factionnaires, encombrait déjà la salle.

Les bestiaux devant figurer au Concours arrivaient en masse et prenaient place dans les boxes préparés.

Malheureusement le temps qui avait été superbe depuis trois semaines, changea tout à coup et dans la nuit qui suivit l'ouverture des Concours un ouragan terrible, qui détruisit presqu'entièrement le nouveau port d'Oran, mit le trouble parmi les bestiaux et la pluie tomba à torrents, sans discontinuer, jusqu'au soir qui précéda le jour du Banquet.

Malgré ce contre-temps, l'ensemble de l'Exposition et du Concours présentait un aspect que les oriflammes rendaient des plus attrayants.

Une grande quantité d'instruments aratoires perfectionnés servaient comme de décor extérieur au local de l'Exposition dans lequel des plantes de toutes sortes, arbustes et fleurs de tous les pays, encadraient les produits du sol.

C D.

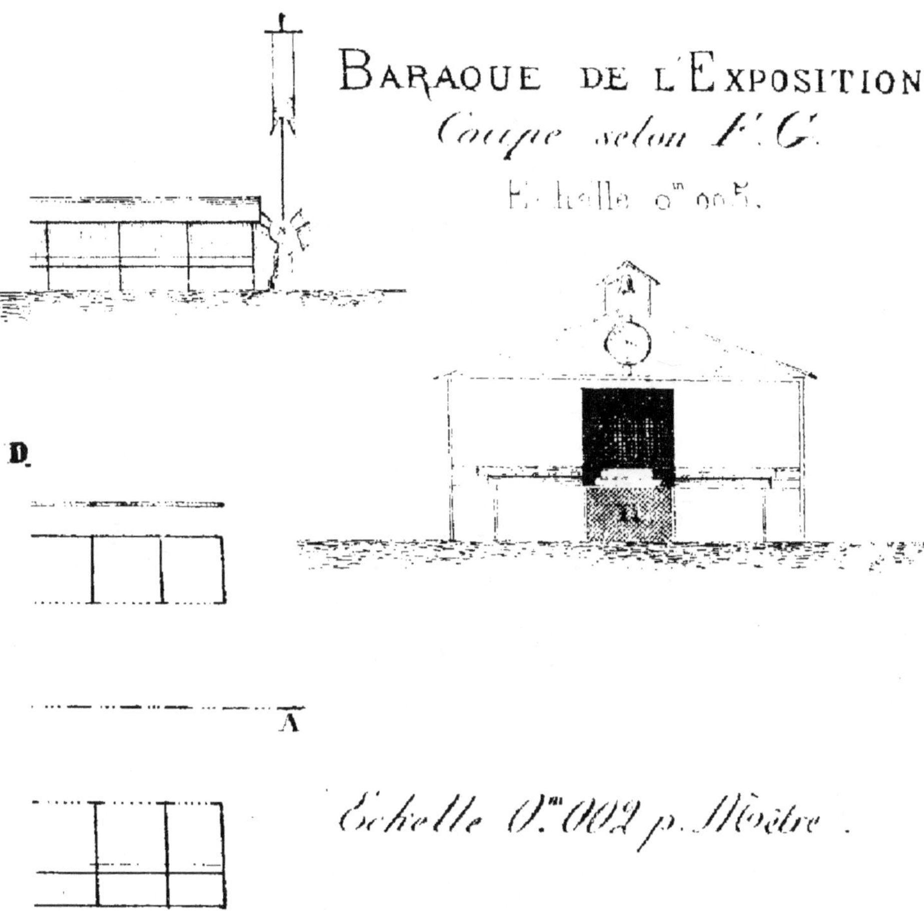

H J. Boxes pour les espèces
égreneuse

CONCOURS GÉNÉRAL DE BESTIAUX ET EXPOSITION AGRICOLE

ÉLÉVATION GÉNÉRALE ABCD.

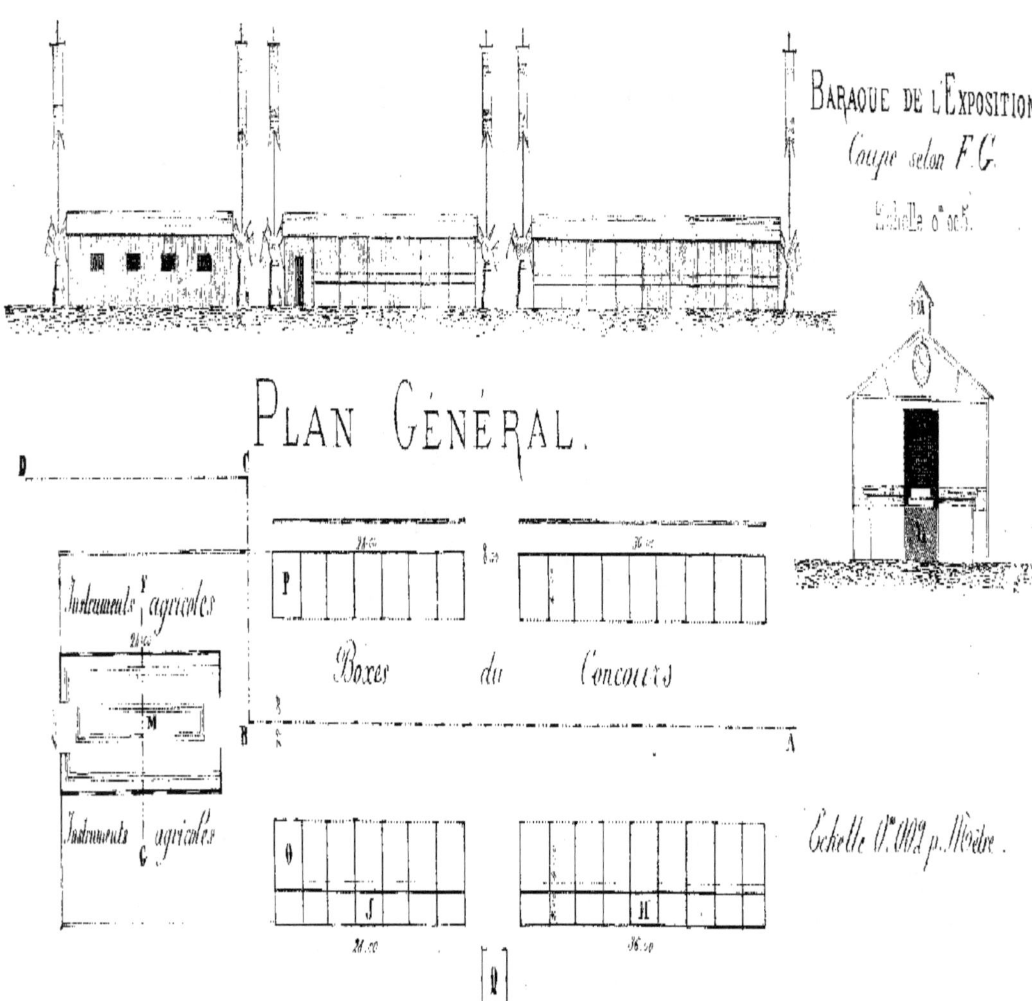

Légende. O Bureau du Secrétaire commissaire général. P. Salle du Jury H J. Boxes pour les espèces ovine, porcine, caprine M Baraque de l'Exposition P Cages Q Baraque pour égreneuse.

Nonobstant les averses les visiteurs ne cessèrent d'affluer à l'Exposition et au Concours, et parmi eux on a remarqué plusieurs fois M. le Général commandant la province, Mgr l'Evêque et M. le Préfet du département.

La place Napoléon présentait alors une animation qu'on avait rarement vue. C'est qu'aussi jamais Concours de Bestiaux n'avait été plus important, jamais Exposition n'avait offert à la curiosité autant de produits variés. Bien que le Concours de Bestiaux ait eu lieu par l'action de l'Administration, comme il faisait pour ainsi dire partie inhérente de l'Exposition, nous en rendrons également compte, en commençant même par lui, vu que sa durée a été la moins longue.

II

CONCOURS DE BESTIAUX

Les boxes et tout leur pourtour étaient garnis d'une multitude d'animaux des espèces chevaline, asine, bovine, ovine, porcine et même caprine, quoique les animaux de cette catégorie ne fussent pas admis à concourir.

On y comptait environ 300 têtes d'animaux présentés par une centaine d'exposants.

Comme toujours, les bêtes bovines excédaient en nombre celles chevalines, et le chiffre numérique de chaque espèce aurait été bien plus élevé s'il eût fait beau.

On pouvait remarquer un immense progrès dans l'amélioration des races depuis cinq années.

Cependant l'espèce chevaline était moins bien représentée que les espèces bovine, ovine et porcine, et à ce propos on ne saurait assez recommander aux éleveurs européens qui ont entrepris de créer dans la Province une race de trait, de ne faire que des croisements judicieux, et pour cela d'apporter le plus grand soin dans le choix des étalons.

Pour la première fois les porcs gras étaient admis à concourir ; c'est une innovation utile dans le pays, et il serait peut-être avantageux de l'étendre aux chèvres laitières qui constituent une branche assez notable de la richesse agricole chez la plupart des petits colons voisins des montagnes.

Nos occupations ne nous ont pas permis d'examiner avec assez d'attention les bestiaux exposés pour que nous puissions parler en parfaite connaissance de cause du mérite des produits de chaque exposant, ce qui d'ailleurs était du ressort du Jury spécial ; mais nous dirons un mot de ceux des animaux auxquels nous avons pu donner un coup d'œil rapide.

ESPÈCE CHEVALINE

En tête des sujets de l'espèce se distinguaient d'abord, par leurs proportions colossales et leur embonpoint, les

deux étalons de trait français, appartenant à la Province, et entretenus par M. de Saint-Maur à la ferme
d'Arbal.

Venaient ensuite :

Une charmante jument poulinière et une pouliche
dites indigènes, appartenant à M. Sommer, de Sidi-
Chami.

Plusieurs chevaux, juments poulinières, poulains et
pouliches présentés par :

MM. Martin, Bastide, Cousin, de Sidi-bel-Abbès ;

Mᵐᵉ veuve Merlin et M. David, de la ferme de Sainte-
Barbe-du-Tlélat ;

M. Janer, d'Arcole, qui, outre des chevaux et juments,
avait pu présenter, chose très-rare, deux charmants
sujets jumeaux : un mulet et une mule de race espa-
gnole, nés et élevés chez lui.

Nous citerons encore les produits de :

MM. Gérard, de Relizane ;

    Goupil, de Mascara ;

    Fischer, Adam, de Sidi-Chami ;

    Dufau, de Tamzourah ; .

    Domecq, d'Oran ;

    Figarol, de Valmy ;

    Thévenot, de Saint-Denis-du-Sig ;

Mᵐᵉ de Garnanville, du Khémis.

Puis enfin un baudet reproducteur appartenant à
M. Francisco Lopez, d'Oran.

Il y avait sans doute d'autres beaux animaux des
espèces chevaline et asine que nous aurions pu mentionner, mais ils ont échappé à nos regards.

ESPÈCE BOVINE

En ce qui concerne les bêtes bovines elles mérite
raient à peu près toutes une citation ; mais cela nous
entraînerait au-delà des limites de ce travail. Nous nous
bornerons donc à dire un mot de quelques-uns des
principaux sujets, qui étaient :

Les taureaux et vaches exotiques, et les bœufs de
boucherie de Mme veuve MERLIN et de M. DAVID, du
Tlélat ;

Les vaches et génisses indigènes de Mme Ve LEBARBU,
d'Assi-bou-Nif ;

Les bœufs de trait indigènes de M. Camille PEYRE,
d'Aïn-Temouchent ;

Les bœufs de trait suisses et les vaches laitières de
M. DOMECQ, d'Oran ;

Les bœufs de boucherie de M. PRADEL, de Sidi-Marouf ;

Les bœufs de trait, vaches de reproduction et génisses
de M. FIGAROL, de Valmy ;

Ceux de MM. VIVIER frères, de Saint-Denis-du-Sig ;

Les bœufs gras et les bœufs de trait de M. CALMELS,
de Sidi-Marouf ;

Les charmantes génisses aux formes bretonnes et le
taurillon croisé, de M. JANER, d'Arcole, tous ornés de
rubans comme pour un sacrifice ;

La belle collection de taureaux, vaches et génisses,
de l'ORPHELINAT DES GARÇONS, de Misserghin.

Celle de M. THÉUS, de Sidi-bel-Abbès ;

Les bœufs de trait de M. COUSIN, de la même localité ;

Les taureaux exotiques de Mme DE CARNANVILLE, du Khémis ;

Enfin les vaches laitières exotiques des DAMES DU BON PASTEUR, à Misserghin ;

Quant aux vaches des nourrisseurs, qui forment une catégorie tout à fait à part, nous ne les citerons que pour ordre.

ESPÈCE OVINE

Elle était représentée avantageusement par une trentaine de lots, dont environ moitié de race mérine ou dérivée, et moitié de race indigène.

La race mérine ou dérivée se répand chez la plupart des petits colons. La création dans ce pays en est due aux efforts multipliés et à la libéralité de M. DE SAINT-MAUR, d'Arbal, qui, pour la propager, met tous les ans, depuis longtemps déjà, à la disposition des Concours de bestiaux ayant lieu dans la Province, un jeune bélier mérinos, pur sang, pour être offert au lauréat du 1er prix des brebis mérinos ou dérivées.

La race indigène, chez les colons, s'améliore d'une manière sensible. A la faveur d'une sélection instinctive, la conformation des animaux se développe convenablement : ils ont plus d'aptitude pour la graisse ; leur lainage, plus régulier, plus fin, acquiert plus de valeur.

M. DE SAINT-MAUR, qui expose toujours hors concours, avait naturellement les plus beaux sujets de la race mérine ou dérivée.

On distinguait après, en animaux de la même race,

les béliers, brebis et moutons gras de la ferme du Tlélat, à Mme veuve MERLIN et M. DAVID.

Les béliers et brebis indigènes de M. GUILHEM, fer-
mier de M. ROYER, à la Sénia.

Le bélier mérino de M. CHEVROL, de Mangin ; les béliers dérivés et moutons indigènes de MM. SAUVAGE et
DELHOMME, puis les brebis indigènes de plusieurs autres colons du même lieu.

Les brebis indigènes du sieur DELAGE, de Sidi-Chami,
le bélier et les brebis de même race du sieur DELAYE,
de Valmy.

Les moutons gras de M. CALMELS, de Sidi-Marouf.

Enfin, les béliers et brebis dérivés de M. JANER, d'Arcole, dont l'aspect témoignait des soins donnés au trou-
peau par le maître.

Nous ne terminerons pas ce paragraphe sans donner
aussi à M. JANER un mot d'éloge pour les jolies chèvres
qu'il avait exposées hors concours.

ESPÈCE PORCINE

Une soixantaine d'individus de l'espèce occupaient les
boxes affectés à cette catégorie d'animaux.

Ils se composaient de verrats, de porcs châtrés, de
truies suitées, de porcs gras.

En premier lieu, toujours, on remarquait un joli lot
de porcs : verrats, truies et porcelets de race anglo-
chinoise, présentés hors concours par M. DE SAINT-
Maur, d'Arbal, qui prennent très-facilement la graisse,
et dont la chair est plus délicate que celle des porcs de
races européennes proprement dites.

Les autres porcs amenés à l'Exposition appartenaient à ces dernières races, dites, les unes anglaises, espagnoles ou mahonnaises, les autres françaises.

Il y avait là, parmi tous ces derniers, des porcs *fingras* d'un poids phénoménal.

Parmi les verrats, truies et porcelets les plus remarquables étaient ceux de :

MM. AUSSENAC, de Valmy ;

BERTRAND (Lucien), boucher à Oran ;

ARNOUX, du Rio-Salado ;

GUYONNET, d'Assi-bou-Nif ;

PRADEL, de Sidi-Chami ;

DELAGE, du même lieu ;

GRAVEL, d'Assi-ben-Okba.

Nous aurions désiré reproduire ici le rapport du Jury du concours de bestiaux, mais ce travail étant fort long et ayant demandé une large place, nous avons dû, à regret, l'omettre et nous borner uniquement à publier le tableau de l'attribution des prix, précédé des noms des membres du dit Jury.

COMPOSITION DU JURY DU CONCOURS DE BESTIAUX

MM. TONNET, conseiller de préfecture, Président.

Royer, Joseph, propriétaire à Oran, membre.

CARMANIOLLE,	id.	id.
BUÈS,	id.	id.
PLAIRE,	id.	id.
ROUSSET,	id.	id.
MERCERON,	id.	id.

Couranjou, propriétaire à Oran, membre.

Boussat, adjoint titulaire au bureau
    arabe d'Oran,   id.

Versmech, vétérinaire en 1er au 2e
    régiment de spahis, à Oran,   id.

Pignel, ancien inspecteur de colo-
    nisation, membre de la Chambre
    consultative d'agriculture,   id.

M. Pignel a été nommé en outre Commissaire général du concours.

Il est fait observer que MM. Merceron et Couranjou
n'ayant point accepté la mission qui leur avait été confiée, ils ont été remplacés par deux membres que le Jury
a été autorisé à s'adjoindre, mais dont nous ignorons
les noms.

La clôture du Concours de bestiaux fut maintenue au
troisième jour après son ouverture, selon le programme; mais le mauvais temps ayant retardé les opérations
du Jury, la proclamation des récompenses a été remise
au lendemain mardi 2 novembre.

(Voir au tableau ci-joint l'attribution des prix.)

Cette solennité eût lieu sur l'emplacement même du
Concours, à 9 heures du matin, en présence de M. le Général commandant la province, entouré de plusieurs
officiers de son état-major, de M. le Préfet du département, accompagné de M. le Secrétaire général de la
préfecture et des Présidents et membres du Jury dudit
Concours.

Mais la pluie qui tombait avait éloigné la plupart des

		grand MODULE.	petit MODULE.		
Vache laitière exotique................	2e	»	1	40	Le Bon-Pasteur, Misserghin.
Vache de	1er	1			MM. ......
Verrat.......	1er	1	»	40 f.	MM. Pradel, Sidi-Chami.
	2e	»	1	20	Guyonnet, Assi-bou-Nif.
Truie suitée.	1er	1	»	40	Pradel, sus-nommé.
	2e	»	1	20	Delage, Sidi-Chami.
Porcs gras......	1er	1	»	50	Aussenac, Valmy.
	2e	»	1	20	N'a pas été attribué.

ATTRIBUTION DES PRIX

ESPÈCES CHEVALINE ET ASINE

DÉSIGNATION	PRIX	MÉDAILLES		PRIMES	NOMS DES LAURÉATS
		Vermeil Argent	Bronze Métal		
Étalon de trait [illegible] ou dérivé, 5 ans [illegible]	1er	1	1	300 f.	MM. [illegible] (Prix Sud-d'[illegible] Plazan).
et-dessus	—	1	—	100	[illegible], Sidi-bel-Abbès.
Poulain de trait, 18 mois à 3 ans	1er	1	—	100	[illegible], Mangin.
	2e	1	—	50	[illegible], Tadmourah.
Pouliche de trait (exotique ou dérivé), 18 mois	1er	1	—	100	MENKEB, Oran.
à 3 ans	2e	1	—	50	[illegible], Tadmourah.
Jument poulinière de trait (exotique ou dérivé) [illegible]	1er	1	1	150	Mme [illegible] et DAVID, Tiaret.
[illegible]	2e	1	1	75	MM. DAVID, Tadmourah.
Jument poulinière indigène, 18 mois à 3 ans	1er	1	1	100	[illegible], Tiaret.
	2e	1	1	50	[illegible], Valmy.
Poulain indigène, 18 mois à 3 ans	1er	1	—	50	[illegible], Oran.
	2e	1	—	30	Mme [illegible] et DAVID, Tiaret.
Pouliche indigène, 18 mois à 3 ans	1er	1	1	50	MM. [illegible], Tiaret.
	2e	—	1	30	[illegible]
Baudet reproducteur	—	—	—	100	N'a pas été attribué

MENTIONS HONORABLES

MM. [illegible], d'Aïn-Tadmoucht, et Veuve MULLER du Tiaret, pour leurs pouliches de trait [exotiques ou dérivés]. [illegible] pour juments poulinières de trait [exotiques ou dérivés], entrés à un et au-dessus. [illegible] M. [illegible] de Brezan, de Sidi-Chami, pour jument poulinière indigène, à six et au-dessus. MM. [illegible] de Tiaret, [illegible], Oran, de DEMARS, BENSALEM de Bou-Tlélis, pour poulain indigène, 18 mois à 3 ans. MM. [illegible], RIODER et [illegible] du Sig, pour pouliche indigène, 18 mois à 3 ans.

ESPÈCE BOVINE

DÉSIGNATION	PRIX	MÉDAILLES		PRIMES	NOMS DES LAURÉATS
		Vermeil Argent	Bronze Métal		
Taureau exotique ou dérivé, 2 à 4 ans	1er	1	—	120 f.	Mme [illegible] et DAVID, Tiaret.
	2e	1	1	70	MM. [illegible], Sidi-bel-Abbès.
Taureau indigène, 2 à 4 ans	1er	1	1	50	[illegible], Sidi-bel-Abbès.
	2e	—	1	30	Mme [illegible] GANTASBIELL.
Vache laitière exotique	1er	1	1	80	[illegible], Misserghin.
	2e	1	1	50	MM. [illegible], Valmy.
Vache de reproduction, exotique ou dérivée	1er	1	1	100	[illegible], Oran.
	2e	1	1	50	M. [illegible], Assi-bou-Nif.
Vache de reproduction indigène	1er	1	1	80	M. [illegible], Valmy.
	2e	1	1	50	Mme [illegible] et DAVID, Tiaret.
Génisse exotique ou dérivée, 18 mois à 3 ans	1er	1	1	60	MM. [illegible], Valmy.
	2e	1	1	30	[illegible]
Génisse indigène, 18 mois à 3 ans	1er	1	1	50	Mme [illegible], Assi-bou-Nif.
	2e	1	—	30	MM. [illegible], Oran.
Bœuf de trait, au moins de 8 ans, au plus bel	1er	1	—	100	[illegible], Sidi-bel-Abbès.
attelage	2e	—	1	40	[illegible], Mostrez, Tiaret.
Bœuf de boucherie (lot de 5 têtes)	1er	1	2	60	CALICE [illegible], Sidi-Xixrouf.
	2e	1	—	40	[illegible], Sidi-bel-Abbès.
Vache laitière indigène	1er	1	—	40	[illegible], Misserghin.

MENTIONS HONORABLES

MM. [illegible] et [illegible], pour taureau exotique ou dérivé, de 2 à 4 ans. [illegible] de Misserghin, pour vache laitière exotique. MM. [illegible] et [illegible], pour vache de reproduction exotique ou dérivée. Mme Veuve [illegible] et M. BIATT, pour vache de reproduction indigène. MM. [illegible] et A. [illegible] [illegible], pour génisse ou dérivée, au plus bel [illegible]. MM. [illegible] et [illegible], pour bœuf de boucherie (lot de 5 têtes).

ESPÈCE OVINE

DÉSIGNATION	PRIX	MÉDAILLES ET PRIMES		PRIMES	NOMS DES LAURÉATS
		Grand Argent	Petit Métal		
Bélier amélioré ou dérivé	1er	1	—	30 f.	M. Veuve MULLER et DAVID, Tiaret.
	2e	1	1	25	Pr. D'ARGENVILLE, Tadmourah.
Bélier indigène	1er	1	—	30	MM. [illegible], Sidi-Chami.
	2e	2	1	20	Pr. d'Aïn-[illegible], Tiaret.
Brebis, née ou dérivées, lot de 10 têtes	1er	1	—	80	Mme [illegible], Tadmourah. (1)
	2e	1	—	50	MM. DAVID et MULLER, Tiaret.
Brebis indigènes, lot de 10 têtes	1er	1	—	50	[illegible], Sidi.
	2e	1	1	30	[illegible], Valmy.
Mouton parfait de conformation et de graisse,	1er	1	—	50	[illegible], Senia.
lot de 10 têtes	2e	1	1	40	[illegible], Mangin.

(1) Madame DE [illegible], indépendamment du 1er prix attribué aux brebis mérinos, s'est trouvée obtenir le Bélier mérinos mis à la disposition du Jury par M. de Saint-Maur.

ESPÈCE PORCINE

DÉSIGNATION	PRIX	MÉDAILLES DE BRONZE		PRIMES	NOMS DES LAURÉATS
		Grand Module	Petit Module		
Verrat	1er	1	—	40 f.	MM. [illegible], Sidi-Chami.
	2e	—	1	20	DUVERNET, Assi-bou-Nif.
Truie suitée	1er	1	—	30	[illegible], [illegible].
	2e	—	1	20	[illegible], Sidi-Chami.
Porcs gras	1er	1	—	50	[illegible], Valmy.
	2e	1	1	50	N'a pas été attribué.

personnes que la cérémonie devait attirer, en sorte que celle-ci n'eût point l'éclat qu'on aurait désiré lui donner.

La circonstance a alors donné lieu au Jury de regretter plus vivement que le crédit affecté au Concours de bestiaux par le budget provincial n'eût point permis de faire la dépense nécessaire pour disposer un local où les autorités, les lauréats et le public auraient été convenablement abrités et où la proclamation dont il s'agit se fût faite avec plus de dignité.

III

EXPOSITION DES PRODUITS AGRICOLES

Dans la salle de l'Exposition étaient rangés, sur les gradins de l'un des côtés, tous les liquides : vins rouges, vins blancs, liqueurs, huiles. Sur les autres côtés latéraux se trouvaient placés des spécimens de céréales, de farine, de pain, de légumes divers, frais et secs ; pommes de terre, patates, potirons, betteraves ; des volailles grasses, vivantes, tuées et plumées ; cochons de lait aussi tués et échaudés. Du beurre frais, des fromages, des œufs, du sel raffiné ; des échantillons de graines de lin, de filasse, d'étoupe, d'asclépiade ; des tissus, des tabacs, de la garance, des laines, du plâtre, des cuirs, des graines potagères, fourragères et tinctoriales, de l'engrais animal, des arbustes, des fleurs en pots et en caisses, des orangers, des citronniers, bananiers, pieds de fraisiers chargés de fruits, etc. ; des produits artistiques et des objets d'art, même une collection de médailles.

Sur l'étagère du milieu de la salle, supportant trois gradins, figuraient des fruits frais de toute espèce : des pêches, des fraises, des coings, des figues, des poires et des pommes, des prunes, des noix, des jujubes, des cédrats, des pamplemousses, des grenades énormes, des raisins, des olives, des conserves de fruits, de thon et de bonites, du miel et de la cire, de la graine de moutarde, des pâtes alimentaires de toutes sortes, du bois de réglisse, des produits chimiques et pharmaceutiques, des pâtes pectorales, des ruches d'abeilles, des spécimens de *blé Galland*, de *blé du Japon*, un semoir américain portatif.

Sous cette même étagère de nombreuses cages à claire-voie renfermaient des volailles vivantes de toute espèce : des dindes, des chapons, des poulardes, des coqs et des poules de races françaises et indigènes, espagnoles (andalouses), de Sardaigne, de Padoue, de Cochinchine, des canards ordinaires et de barbarie, des pigeons voyageurs dits fauvettes, des pigeons huppés, pattus, etc.....

Sur l'une des faces extérieures de la salle on voyait une multitude d'instruments aratoires perfectionnés de systèmes anglais et français.

Sur l'autre face de la même salle, des machines à

différents usages fonctionnaient à qui mieux mieux sous les yeux d'une foule de spectateurs.

Enfin, au-dessus de la porte d'entrée principale de la dite salle, une horloge de clocher, parfaitement mouvante et sonnante, placée là comme objet exposé, indiquait l'heure au public.

Nous avions oublié de dire que dans le prolongement des baraques de bestiaux, vers la salle de l'Exposition, étaient établis, d'un côté le bureau du commissaire général, de l'autre côté et en face le bureau des jurys.

Tel était le coup d'œil que présentait l'Exposition, dont les longues lignes de boxes qui y faisaient face ajoutaient encore au pittoresque du tableau.

Pour interrompre le moins possible la circulation des visiteurs, le Jury de l'Exposition, dont nous allons donner la liste des membres, avait arrêté que ses opérations d'examen auraient lieu chaque jour, de onze heures du matin à une heure de relevée.

COMPOSITION DU JURY DE L'EXPOSITION

BUREAU

MM. le Docteur Fonteneau, président.

Janer, vice-président.

Stuyck, secrétaire.

MEMBRES

Pour Oran :

M. Royer,   M. Karouby,

MM. Lamur,   MM. Chabbat,
    Gradvohl,   Derriey (Xavier),
    Delzenne,   Bouty,
    Schneider,   Fourcade.

Pour Relizane :

M. Lescure.

Pour Saint-Denis-du-Sig :

MM. Grivel, — Deloupy, — Lelarge.

Pour Sidi-bel-Abbès :

MM. Roubière, — Boulet, — Pers.

Pour Assi-bou-Nif :

M. Chevrol, père.

Pour Mascara :

MM. Villanova, — Billuard.

Pour Tlemcen :

MM. Gérard, — Hostains, — Fleury.

Pour Mostaganem :

M. Pastoureau.

En outre, aux membres ci-dessus dénommés avaient la faculté de s'adjoindre tous les Présidents des sous-comités, tous les Maires et Adjoints des communes rurales.

RAPPORT DU JURY (1)

L'importance et la qualité des divers produits de l'agriculture envoyés à l'Exposition prouvent une fois de plus l'utilité de ce genre de concours. C'est un heureux symptôme pour le développement des immenses ressources de notre beau pays, que l'empressement de nos courageux colons à venir prendre part à ces luttes pacifiques dont tous profiteront, vainqueurs comme vaincus.

Les israélites de notre province, bien qu'encore en petit nombre, ont tenu à marcher sur les traces de nos colons, et quelques-uns de leurs produits ont été primés ; d'autres ont été distingués par une mention honorable.

M. Karoubi surtout a fait une remarquable exposition.

Quelques Arabes ont aussi apporté leur contingent à cette exhibition de nos richesses provinciales.

Enfin le nombre d'exposants s'est élevé au chiffre de 175.

En voyant cette multitude de produits, dont la majeure partie peut rivaliser avec les similaires des contrées les plus favorisées du globe, on ne peut se dé-

---

(1) Rédigé par M. Stuyk.

fendre d'un sentiment de profonde admiration pour l'intelligence et les labeurs de nos colons. A ceux qui, naguère encore, mettaient en doute leurs aptitudes et déclaraient la colonisation impossible, quelle réponse que l'étalage de ces fruits splendides, de ces laines, de ces cotons, de ces lins éblouissants, de ces belles céréales, de ces graines oléagineuses, de ces racines tinctoriales, de ces légumes monstrueusement beaux, enfin de ces mille petits produits de la ferme, tels que le beurre, le fromage, la cire, le miel, les cocons, les volailles, etc., etc., dans lesquels se décèle plus particulièrement la main soigneuse de la compagne du colon ? A ces incrédules, feints ou sincères, on n'a qu'à montrer ces merveilles et leur dire : Regardez !

Parmi les produits exposés, le vin tient une grande place, et les viticulteurs de la province ont surtout fait de notables progrès dans la vinification. Dans certains lots de vins fins, il y en a qui pourraient supporter la comparaison avec les provenances des meilleurs crûs. Le Jury a constaté avec le plus grand intérêt que les vins ordinaires de la récolte de cette année sont généralement de très-bonne qualité, corsés, colorés, limpides et francs de goût. Cette branche si importante de notre agriculture provinciale, et qui prend journellement de l'extension, a trouvé ses détracteurs plus ou moins intéressés ; mais grâce à leur intelligence et à leurs efforts, nos viticulteurs en auront bientôt raison.

C'est avec regret que le Jury doit signaler, chez certains exposants, leur manque de soins dans le conditionnement des échantillons.

Plusieurs bouteilles étaient mal bouchées, au moyen de bouchons pourris qui avaient communiqué un goût détestable au contenu. Rien n'est plus sensible que le vin : la moindre négligence dans le choix des vaisseaux ou des bouteilles transforme le vin le plus vaillant en un affreux breuvage. Aussi la plupart des lots qui n'ont été ni primés ni mentionnés, le doivent-ils plutôt à des altérations accidentelles qu'à leur manque de qualité intrinsèque.

En somme, la majeure partie des vins de la récolte de 1869 sont bons, fabriqués avec entente et susceptibles d'une bonne conservation. Sous peu ils seront assez faits pour être livrés à la consommation, et l'on peut dire dès aujourd'hui que ce goût de terroir qu'on reprochait tant à nos vins est passé à l'état de préjugé.

Le Jury tient à signaler un heureux essai tenté par M. Bastide, de Bel-Abbès. Ce viticulteur a envoyé un lot de vin obtenu exclusivement de plants dits Pineaux, et un autre de Carignan. Les deux produits, surtout celui du précieux cépage bourguignon, ont sensiblement conservé leurs qualités originelles.

Le Jury pense que c'est dans ce sens que les viticulteurs doivent diriger leurs essais pour trouver le plant qui convient le mieux à notre sol et à notre climat.

Il nous est impossible de décrire tous les produits, et si nous avons donné quelques développements à nos observations sur les vins, c'est que nous avons pensé que cette question intéressait le plus grand nombre.

Mais, avant de terminer, le Jury pense devoir signaler

à l'attention publique l'engrais fabriqué par M. Durand et exposé sous le nom de *Guano algérien*. Cet engrais commence à être apprécié dans la province. Recueillir, tout en assainissant le pays, les détritus de la vie animale et végétale pour les transformer en produits nouveaux, n'est-ce pas la principale base de l'agriculture ?

En présence des efforts si pleinements couronnés de succès pour la plupart des exposants, le Jury regrette de ne pas pouvoir proportionner ses prix à la valeur des résultats obtenus, et surtout d'être obligé de les limiter à un nombre relativement restreint ; car, hormis les quelques négligences qu'il a signalées, l'ensemble de l'Exposition est si satisfaisant qu'il faudrait primer presque tout.

Voici le classement des divers produits, avec les récompenses que nous avons cru devoir attribuer à chacun d'eux :

ATTRIBUTION DES RÉCOMPENSES

CÉRÉALES

Blé tendre

MM. Joyot, Bousfer, 1er prix.
Serrano, id. 2e prix.
Janer, Arcole, mention honorable.
Dijon, Bousfer, id.
Guyonnet, Jean-Marie, Assi-bou-Nif, mention honorable.

Blé dur

MM. Karouby, Oran, 1er prix.
d'Arnospil, Tlemcen, 2e prix }
Orphelinat, Misserghin, 2e prix } *ex æquo.*

Orge

MM. Morgera, Andalouses, 1er prix.
Merceron, Oran, mention honorable.
Buès, Andalouses, id.
d'Arnospil, Tlemcen, id.

Seigle

M. Krousse, Mangin, 1er prix.

Avoine

MM. Blanchard, Tamzourah, 1er prix.
Janer, Arcole, mention honorable.
Monseigneur l'Évêque, M'Sila, id.
Calmels, Sidi-Marouf, id.
Renal, Mangin, id.

Maïs

MM. BASTIDE, Sidi-bel-Abbès, 1er prix.
DESAITRE, Tlemcen, 2e prix.
JANER, Arcole, mention honorable.

Fèves

MM. COSTÉRISAN, Sidi-Ali, 1er prix.
JANER, Arcole, 2e prix.
GUYONNET, Jean-Marie, Assi-bou-Nif, mention honorable.

Fèves violettes

M. MORGERA, Andalouses, 1er prix.

———

LÉGUMINEUSES

Haricots d'Espagne

MM. QUANTIN, Tlemcen, 1er prix.
ZAZIMA, Négrier, 2e prix.
DESAÎTRE, Tlemcen, mention honorable.

Haricots couleur.

MM. DESAÎTRE, Tlemcen, 1er prix.
QUANTIN,   id.   2e prix.
ORPHELINAT, Misserghin, mention honorable.

Haricots rouges

M. COSTÉRISAN, Sidi-Ali, 1er prix.

Haricots verts

BON PASTEUR, Misserghin, mention honorable.

Pois chiches

M. DUPUY, Terga, 1er prix.

MM. Andouy, Tiaret, 2ᵉ prix.
Karouby, Oran, mention honorable.
Janer, Arcole, id.
Thévenot, Sig, id.

Petits pois verts

M. Desaître fils, Tlemcen, mention honorable.

Lentilles vertes

M. Costérisan, Sidi-Ali, 1ᵉʳ prix.

Lentilles jaunes

M. Guyonnet, Assi-bou-Nif, 1ᵉʳ prix.

—

FARINES ET PATES ALIMENTAIRES

Tuzelle de blé tendre

M. Brémond, Tlemcen, mention honorable.

Farine de blé dur

Orphelinat, Misserghin, mention honorable.

Semoules

M. Brémond, Tlemcen, 1ᵉʳ prix.
Orphelinat, Misserghin, mention honorable.
M. Podesta, Oran, id.

Pâtes alimentaires

M. Podesta, Oran, mention honorable.

—

PLANTES POTAGÈRES

Pommes de terre

MM. Bastide, Bel-Abbès, 1er prix.
Quantin, Tlemcen, mention honorable.
Blanchard, Tamzourah,   id.

Patates de Malaga

M. Guyonnet, Assi-bou-Nif, mention honorable.

Citrouilles

MM. Monseigneur l'Évêque, M'Sila, mention honorable.
Guyonnet, Assi-bou-Nif,   id.

Betteraves

M. Krousse, Mangin, mention honorable.

FRUITS

Poires

MM. Quantin, Tlemcen, 1er prix.
Merceron, Oran,   2e id.
Orphelinat de Misserghin, mention honorable.

Pommes

MM. Quantin, Tlemcen, mention honorable.
Dédaud, Tiaret,   id.

Pêches

M. Chancogne, Tlemcen, 1er prix.

Grenades

M. Delaye, Aïn-Béda, mention honorable.

Oranges et citrons

M. Janer, Arcole, mention honorable.

Cédrats

Bon Pasteur, Misserghin, mention honorable.

Pamplemousses

Orphelinat de Misserghin, mention honorable.
M. Karouby, Oran,   id.

Bananes

M. Janer, Arcole, mention honorable.

Coings

MM. Quantin, Tlemcen, mention honorable.
    Brousset, curé de Sidi-Chami, id.
    Basso, Mascara,   id.

Figues vertes

M. Bigaut, Bou-Sfer, mention honorable.

Prunes

M. Saint-Amand, Tlemcen, 1er prix.

Raisins

MM. Chevrol, Mangin, mention honorable.
    Basso, Mascara,   id.

Nèfles

MM. Brousset, curé de Sidi-Chami, mention honorable.
    Merceron, Oran,   id.

Noix

MM. Du Pré de Saint-Maur, Arbal, hors concours.
Bastide, Bel-Abbès, mention honorable.

Olives vertes et noires confites

M. Desaître, Tlemcen, 1er prix.

Olives confites

Orphelinat de Misserghin, mention honorable.

Olives en rames vertes

M. Cabanel, Tlemcen, mention honorable.

PRODUITS DE BASSE-COUR

Volaille

MM. Bergé, 1er prix.
Guyonnet, Assi-bou-Nif, 1er prix.
Costérisan, Sidi-Ali, 2e prix.
Faugère, Oran, mention honorable.

Beurre frais

MM. Noguier, Relizane, 1er prix.
Costérisan, Sidi-Ali, 2e prix.

Fromages du pays

M. Costérisan, Sidi-Ali, mention honorable.

Lapins angora

M. Ferrier, Sig, 1er prix.

Lapins ordinaires

M. Brousset, curé de Sidi-Chami, mention honorable.

PRODUITS D'APICULTURE

Miel blanc

M. Ahmed-ben-Mohamed-ben-Omar, Oran, 1er prix.
Orphelinat de Misserghin, 2e prix.

Cire jaune

MM. Ahmed-ben-Mohamed-ben-Omar, Oran, 1er prix.
Donde, Assi-bou-Nif, mention honorable.

Ruches

MM. Donde, Assi-bou-Nif, 1er prix.
Durand et Cornilhac, Oran, mention honorable.

———

CONSERVES

Thon et bonites marinés

M. Garèse, Oran, mention honorable.

———

HUILES

Huile d'olive

MM. Ducros (Léon), Tlemcen, 1er prix.
Lenoir,   id.   2e prix.

Huile de ricin

M. Barthélemy, Oran, diplôme d'une médaille.

———

VINS, LIQUEURS, BIÈRE

Vins blancs

MM. Pérez (Antoine), Mascara, 1er prix.
Rouire,   id.   2e prix.

De 1860

M. Cuny, Mascara, 3e prix.

De 1869

M. Demouchy, Kléber, mention honorable.

De 1866

M. Merle, Sénia, mention honorable.

De 1869

Orphelinat de Misserghin, mention honorable.

Vins rouges

M. Bastide, Bel-Abbès, 1er prix.

De 1869

MM. Lamur, Sénia,   2e prix.
Inaud, Mangin,   id.
Guillem, Sénia,   id.
Merceron, id.   id.
Ruet, Sidi-Chami,   id.

De 1867

M. Luisin (Désiré), Saint-Cloud, 2e prix.

De 1869

MM. Gabel, Mangin,   2e prix.
Fabre, Arcole,   id.
Labir, Mangin,   id.

Durand et Cornilhac, Sénia,   2e prix.
Alox (Vincent), Mangin,   id.

De 1868

M. Lamoise, Saint-Cloud, 2e prix.

De 1869

MM. Beaulier, Kléber, mention honorable.
Karouby, Oran,   id.

De 1868

M. Courcier, Tlemcen, mention honorable.

De 1867

M. Bossens, Saint-Rémy, mention honorable.

De 1869

Orphelinat de Misserghin, mention honorable.

De 1867

M. Granet, Saint-Rémy, mention honorable.

De 1869

M. Carrafang, Mascara, mention honorable.

Eau-de-vie de marc de 1868

MM. Inaud, Mangin,   1er prix.
Sommer, Sidi-Chami,   id.

Eau-de-vie de marc de 1869

Orphelinat de Misserghin, 1er prix.

Liqueurs diverses

M. Chartroux, Oran, un diplôme d'une médaille d'honneur.

Bière

MM. Gasquet, Oran, un diplôme d'une médaille d'honneur.
Jamelin, Tiaret, mention honorable.

GRAINES DIVERSES

Lin

MM. Merlin et David, Tlélat, 1er prix.
Delage, Sidi-Chami, 2e prix.
Morgera, Andalouses, mention honorable.
Joyot, Bou-Sfer,   id.

Graine de ricin

M. Lescure, Relizane, mention honorable.

Gesces

MM. Guyonnet, Assi-bou-Nif, mention honorable.
Janer, Arcole,   id.

Sorgho

MM. Merceron, Oran, 1er prix.
Calmels, Sidi-Marouf, hors concours.

Moutarde

M. Knousse, Mangin, hors concours.

Semence de riz de Java

Préfecture d'Oran, remerciements.

Graines d'eucalyptus

Préfecture d'Oran, remerciements.

RACINES

Réglisse en bois

M. DESAÎTRE, Tlemcen, mention honorable.

Garance

MM. QUANTIN, Tlemcen, 1er prix.
CHEVROL, Assi-bou-Nif, 2e prix.
DESAÎTRE, Tlemcen, 3e prix.

Chardons à carder

M. TUROIS (Moïse), Saint-Cloud, mention honorable.

———

MATIÈRES FILAMENTEUSES

Coton non égrené

MM. PASCUAL (Juan), Mostaganem, 1er prix.
MORGERA, Andalouses, 2e prix.
DUPUY, Terga, mention honorable.

Coton égrené

UNION AGRICOLE du Sig, 1er prix.
MM. LESCURE, Relizane, 2e prix.
MORGERA, Andalouses, mention honorable.

Laines mérinos

M. DU PRÉ DE SAINT-MAUR, Arbal, hors concours.

Étoffes de laine

ORPHELINAT de Misserghin, mention honorable.

Lin filé et étoupes

M. COSTÉRISAN, Sidi-Ali, 1er prix.

Cocons de soie

MM. Lightenstein, Tlemcen, 1er prix
    Costérisan, Sidi-Ali, 2e prix.
Mme Totier, Tlemcen, diplôme d'une médaille.
M. Gérard,   id.   mention honorable.

Soie végétale

M. Costérisan, Sidi-Ali, mention honorable.

CUIRS

Orphelinat, Misserghin, 1er prix.
M. Cristobal, Oran, mention honorable.

LIÉGES

Liéges et bouchons du pays

MM. Decruizat, Oran, 1er prix   }   *ex æquo.*
     Py fils,   1er prix   \

SEL

Sel raffiné, du pays

M. Fischer, Oran, mention honorable.

Sel fin, du pays

M. Durand, Oran, mention honorable.

PLATRE

Plâtre blanc et gris

M. Daudé fils, Oran, diplôme d'une médaille d'honneur.

———

FLEURS, ARBUSTES ET PLANTS DIVERS

Fleurs

M. Janer, Arcole, mention honorable.

Arbustes et plants divers

Orphelinat, Misserghin, mention honorable.
M. Janer, Arcole,   id.

———

PRODUITS PHARMACEUTIQUES ET CHIMIQUES

Pâte pectorale de dattes et Sirop de caroubes

M. Martel, pharmacien, Oran, mention honorable.

Teinture pour barbe et cheveux

M. Bouchard, coiffeur, Oran, mention honorable.

Huile de ricin pour médicaments

(Voir plus haut : *Huiles*)

———

TRAVAUX ARTISTIQUES

Chapeaux de dames, formes de chapeaux, fleurs artificielles

Mme Arnal (Philipipne), modiste, Oran, mention très-hono-
        rable.

Tissus de fil, coton et laine

M. Orfila frères, Alger, mention très-honorable.

Photographie

M. Martinez-Jofré (Elado), Oran, mention honorable.

Jardinière rustique

M. Desaître fils, Tlemcen, mention honorable.

———

CÉRAMIQUE

Fontaine artistique, Vases et Gargoulettes en poterie

M. Arenda (Jayme), Mers-el-Kebir, mention honorable.

———

TRAVAUX DE L'INDUSTRIE

Pièce de cartonnage

M. Lefèvre, cartonnier, Oran, mention honorable.

Chaises en noyer de Tlemcen

M. Grangier, fabricant de chaises, Oran, mention honorable.

Fourches à dents mobiles

M. Porte, fabricant de chaises, Blidah, mention honorable.

———

ENGRAIS ARTIFICIELS

Guano algérien

M. Durand, Oran, diplôme d'une médaille d'honneur, au double point de vue agricole et sanitaire.

Albumine (nouvel engrais)

M. Ribière, Oran, mention honorable.

HORLOGERIE

Horloge de clocher

M. Meynet, Oran, diplôme d'honneur.

INSTRUMENTS ARATOIRES ET MACHINES

Tarare

M. Fayez, meunier et mécanicien, l'Hillil, mention honorable.

Charrue Dombasle avec avant-train

M. Pinoche (Louis), représenté par Davignon, Verdun, mention honorable.

Instruments agricoles (collection)

M. Calmels, Oran, mention honorable.

Instruments agricoles et machines diverses

M. Forcade, constructeur, Oran, mention honorable.

Égreneuse de coton

M. Thomas (Charles), Oran, mention honorable.

Maintenant, un mot encore au sujet des produits exposés.

Ainsi que l'énonce le rapport qui précède, le nombre des exposants inscrits, indépendamment bien entendu de ceux du Concours de Bestiaux, était de près de 200, lesquels ont présenté à l'Exposition environ 700 spécimens de produits et objets divers.

D'après le Rapport dont il s'agit, le Jury **a** décerné 79 primes en espèce, autant de diplômes, de médailles d'honneur ou de médailles simples, et 112 mentions honorables.

Il a acheté aux exposants différents produits formant ensemble 51 lots pour la Loterie à tirer entre les souscripteurs.

La justice rendue à tous les exposants par le rapport du Jury, les appréciations judicieuses de leurs produits, l'équitable répartition des récompenses à décerner pourraient nous dispenser de revenir sur ce qui concerne les objets exposés. Mais il est des considérations dans lesquelles les bornes d'un rapport n'ont point permis au Jury d'entrer et que nous croyons devoir aborder à l'égard de quelques exposants et de certains produits, du sol, de l'industrie et des arts.

Constatons d'abord avec le Jury que, couronné ou non couronné, chacun dans l'expérience qui vient d'être faite a droit à des éloges soit pour ses succès, soit pour ses efforts.

Nous serions heureux de citer dans ce travail les noms de tous, mais nous aussi nous avons des limites à observer.

Or, persuadé que dans ce qui va suivre nous ne froisserons aucun amour-propre ni n'exciterons aucun sentiment de jalousie, nous commencerons ainsi qu'il suit, en compulsant le registre des déclarations des exposants, mais sans nous astreindre à un ordre méthodique.

Orphelinat des garçons de Misserghin

Cet établissement a prouvé, par le nombre et la beauté de ses produits combien il a réalisé de progrès depuis quelques années.

Tous ses spécimens de la production du sol et de l'industrie : — Céréales, farines, semoules, vins, huile, fruits, cuirs, tissus, cocons de soie, légumes, arbustes, fleurs, essences, etc., témoignent non-seulement de l'importance de la maison et de la bonne direction donnée à l'exploitation considérée dans l'ensemble de ses travaux, mais encore des bons et utiles enseignements qu'y reçoivent les jeunes élèves, et des services qu'ils sont appelés à rendre à la colonie.

Dames du Bon-Pasteur, à Misserghin

Ce couvent, dans le peu de produits de basse-cour et de jardinage qu'il a exposés, a donné une très-bonne idée des aptitudes agricoles qu'il possède.

Ferme de M'Sila auprès de Bou-Tlélis, appartenant à Monseigneur l'Evêque d'Oran

Cette propriété dont la nature seule a fait le plus beau jardin anglais qu'on puisse imaginer, a été acquise depuis peu de temps seulement par Sa Grandeur pour y établir un orphelinat de jeunes musulmans, principalement de ceux qu'Elle a recueillis durant l'épidémie qui a sévi dans la Province en 1867-1868.

M'Sila se trouve aujourd'hui appelé, par sa destination, à devenir l'un des plus importants des établissements de ce genre.

Mgr l'Evêque, en faisant présenter sous son nom, à l'Exposition d'Oran, par M. le curé de Bou-Tlélis, directeur provisoire, croyons-nous, de la partie agricole de sa ferme, a voulu, en quelque sorte, se faire colon pour montrer combien il honore l'agriculture.

M. Donde, propriétaire à Assi-bou-Nif

Cet apiculteur laborieux et ingénieux, qui ne recule devant aucun sacrifice pour vulgariser les meilleures méthodes de l'élucation des abeilles, a déjà obtenu des résultats très-satisfaisants dont on doit lui savoir gré.

Mgr l'Evêque, dans une de ses visites à l'Exposition, a témoigné à M. Donde tout l'intérêt qu'il portait à son industrie, en lui demandant deux de ses ruches pour M'Sila.

Famille Desaitre, de Tlemcen

Parler de cette famille, dont le chef était directeur de la Pépinière de Tlemcen, c'est personnifier l'activité et l'intelligence.

Mme Desaitre et M. Desaitre fils, qui se sont fait distinguer dans maintes Expositions générales, notamment à Paris et à Londres, puis en Algérie, excellent dans l'art du jardinage et de l'horticulture, et dans celui de faire de jolies corbeilles rustiques.

Ces personnes honorent véritablement la grande famille des colons de la Province.

Ferme de Sidi-Ali, commune de Fleurus, exploitée par M. ou Mme Costérisan

Les nombreux produits exposés par cette ferme étaient tous remarquables, et particulièrement ceux de basse-cour.

Ferme de Sidi-Marouf

Le propriétaire de cette ferme, M. Calmels, vice-président de la Chambre consultative d'Agriculture d'Oran, a exposé hors concours différents échantillons de blé et de seigle exotiques qui ont attiré l'attention de tous les cultivateurs, notamment le blé Galland et le blé du Japon. A côté de ces produits se trouvait un semoir américain, objet peu connu encore dans la Colonie.

Ferme des Andalouses, appartenant à M. Morgera

Cette ferme, située dans la plus belle et la plus riche localité de l'arrondissement, a présenté au Concours de nombreux spécimens qui dénotent la fertilité de son sol.

Une autre ferme des Andalouses, *celle de M. Buès,* s'est fait remarquer aussi au même titre.

Mais puisque nous parlons des Andalouses, de cette belle vallée qui prend tant d'importance depuis quelques années, disons un mot de la beauté exceptionnelle des blés qu'elle produit, et à cet effet, citons les blés tendres, notamment, de *MM. Joyot* et *Serrano, de Bou-Sfer*, qui ont obtenu les 1ᵉʳ et 2ᵉ prix affectés à cette céréale.

Parlons aussi de *Mᵐᵉ Quantin* ou *Cantin*, *jardinière à Tlemcen*, qui a obtenu tant de prix pour ses admirables produits : fraises, fruits, légumes, etc , et qui par sa persévérance au travail a su se distinguer entre tous les jardiniers.

M. Janer, à Arcole, ce colon qui, d'une chétive concession qu'il a acquise, a fait une ferme de premier ordre et une résidence des plus agréables, a fait une exhibition qui était le véritable pendant de celle de l'orphelinat des garçons de Misserghin, par la riche variété des produits de toutes sortes qu'elle comprenait : céréales, légumes, fruits, fleurs, arbustes, etc., tout prévenait en faveur de l'établissement agricole de M. Janer, du savoir et des soins avec lesquels il l'administre.

Mais n'oublions point parmi les modestes colons, *M. Guyonnet (Jean-Marie), d'Assi-bou-Nif.* Celui-là dont les produits étaient surmontés d'un cadre représentant d'abord sa photographie, celles de sa courageuse femme et de deux de leurs enfants, puis la multitude de médailles d'argent et de bronze qui lui ont été décernées dans diverses Expositions générales et natiotionales, tant en Algérie qu'en France et en Angleterre.

Ce tableau, c'est l'histoire et la gloire de tous nos colons de la première heure.

Constatons ici que Tiaret, cette ville qui, jusqu'à ce jour, s'était pour ainsi dire tenue à l'écart du mouvement, cette ville qui pourtant a, par sa situation dans l'intérieur de la province, la fertilité de son sol, l'activité et l'aisance de sa population, ses relations avec les frontières du Sud, où se fait un si grand commerce de laines ; cette ville enfin qui a prêté à l'Exposition et à la Fête agricoles qui viennent d'avoir lieu, un concours tout spontané, s'est révélée cette fois par une exhibition qui déjà fait honneur à l'industrie de ses habitants. Nous voulons dire la bière que M. Jamelin, négociant, a envoyée dans de larges proportions, et que l'on a appréciée comme elle le méritait.

Sans doute le houblon doit tenir une bonne place dans la confection de cette agréable boisson, car son goût diffère de celui de la bière faite uniquement avec l'orge : pétillante, légèrement acidulée, moussant naturellement, sa saveur la rend des plus agréables et l'on peut dès à présent citer la *bière de Tiaret* comme la bière de Tlemcen.

Mais Tiaret avait encore envoyé autres choses : c'étaient de superbes poires et des pommes du jardin de M. Débaud, et des pois verts de M. Audouy.

Si cela n'avait dû nous entraîner trop loin nous aurions consigné ici quelques observations sur les différents crus des vins qui constituaient une si notable partie de notre Exposition. Cette satisfaction ne nous étant

point permise nous nous bornerons encore à cet égard
à quelques considérations générales.

Il y a quelques années on reprochait aux vins de Mascara d'être excessivement capiteux, et en effet ils l'é-
taient au point que leur usage était dangereux. On a pu
depuis remarquer que cet inconvénient avait presqu'entièrement disparu, même pour les vins blancs. A quoi
cela tient-il ? Est-ce à de meilleurs procédés de fabrica-
tion, ou à ce que le bois de la vigne en vieillissant donne
des fruits plus corsés ?

On reprochait aussi à tous nos vins de ne pas se con-
server, et nous en avons vus à l'Exposition qui, après
dix ans de bouteille, étaient pourtant réellement
bons. Cela ne tiendrait-il pas encore à l'une des causes ci-dessus indiquées ou à toutes deux et ne don-
nerait-il pas un démenti aux opinions contraires ?

Ainsi, par exemple, nous avons goûté du vin blanc
de Mascara, présenté par M. Cuni, vin se trouvant dans
une bouteille qui était en vidange depuis quinze
jours, et il n'avait subi aucune altération : son goût
était des plus francs et sa couleur n'avait nullement
changé.

Mais par contre nous en avons dégusté d'autres dans
des bouteilles entamées qui moins de 24 heures après
n'était plus potables.

Nos vins manqueraient donc, en général, de spiri-
tuosité.

Eh bien ! il est un moyen de remédier à ce défaut,
c'est *le vinage* ; ce procédé, peu connu encore dans le
pays, consiste à rendre au vin l'alcool qui lui manque,

à assurer ainsi sa conservation, et à le préserver de ce goût que vulgairement on exprime par le mot *piqué*.

Nous avions une fois du vin blanc de Saint-Cloud, dans des bouteilles bien bouchées et cachetées, qui était devenu piqué à ce point qu'il était impossible d'en boire une gorgée. Ne sachant trop qu'en faire il nous vint à l'idée de le soumettre à l'opération du vinage. Alors de chaque bouteille (de la capacité d'un litre), il fut tiré la valeur d'un petit verre à liqueur qu'on remplaça par une même quantité de bon cognac, ce qui équivaut à environ un trentième du litre.

Instantanément la bouteille étant rebouchée et agitée le vin reprenait son état naturel et un mois après il était excellemment bon.

Cette expérience nous ayant réussi nous l'avons depuis renouvelée, toujours avec le même succès.

Nous ne devons pas négliger de mentionner le pain qu'avait présenté M. Loubier, boulanger à Oran. Si, comme il nous l'a assuré, ce pain est fait avec la farine de blé du pays, la qualité de ce produit, la manière dont il a été manutentionné, son degré de cuisson, chose si importante à observer, font honneur à M. Loubier et aux froments de notre province.

Après le pain et le vin, les liqueurs.

Qui n'a pas admiré à l'Exposition la *brillante* collection des liqueurs présentées par M. Chartroux ? Mais ces liqueurs n'avaient point que de l'éclat et si déjà elles n'étaient connues depuis longtemps dans la Province l'accueil qui leur a été fait à l'occasion de l'Exposition suffirait presque pour établir leur réputation.

Fabriqués exclusivement à Oran et avec des plantes indigènes, les produits de M. Chartroux, composant une cinquantaine d'espèces, sont remarquables sous tous les rapports : — Limpidité, suavité et goût exquis, propriété hygiénique, tout en eux constitue des liqueurs hors classe ; aussi le Jury n'a pas voulu, au point de vue de l'appréciation, rester en arrière des Jurys des dernières expositions internationales, entre autres de Londres et de Paris, et lui a décerné la plus haute récompense dont il pouvait disposer : « le Diplôme d'une médaille d'honneur. »

Mais nous serions injustes si nous passions sous silence les produits ci-après qu'on appréciera si bien dans les ménages, savoir :

Les liqueurs et essences fabriquées par M. Brousset, curé de Sidi-Chami, avec des fruits et des plantes recueillis dans son jardin ou dans les environs du village ;

Les fruits conservés de différentes manières par M. Doucet, négociant à Oran.

Parlons maintenant, en passant, de la pâte pectorale de dattes et de sirop de coings, de M. Martel, pharmacien à Oran ; produits qui plusieurs fois déjà ont eu les honneurs de l'Exposition et toujours avec succès ;

Puis de l'huile de ricin, préparée par un procédé nouveau, par M. Barthélemy, aussi pharmacien à Oran, qui d'un médicament nauséabond a su faire un remède d'une saveur agréable.

Les produits filamenteux n'étaient pas nombreux à l'Exposition, mais on a pu remarquer les belles qualités de coton de MM. Pascual, de Mostaganem, Lescure, de

Relizane, Morgera, des Andalouses, Dupuy, de Terga, et les cotons de l'Union agricole du Sig, où ont été faits les premiers essais de culture en grand dans la province. Puis, les cocons de vers-à-soie de MM. Lichtenstein, Totier et Gérard, de Tlemcen, Costérisan, de Sidi-Ali.

M. Costérisan avait en outre présenté des échantillons d'asclépiade, vulgairement appelée soie végétale, qu'on récolte sans culture dans les broussailles de la commune de Fleurus, et qui un jour pourra former une branche d'industrie assez importante.

Après ces produits venait le crin végétal obtenu des feuilles du palmier-nain et provenant de la fabrique de M. Rousset, à Misserghin.

La Province avait besoin d'engrais pulvérulents : on a trouvé le moyen d'y pourvoir.

C'est d'abord le guano algérien de la fabrique de M. Durand, négociant à Oran, qui peut déjà en livrer à l'agriculture de quoi suffire aux exigences de surfaces considérables ;

Ensuite l'albumine, engrais animal, préparé par M. Ribière, de la Mosquée de Karguentah.

C'est là deux industries naissantes qui commencent à être appréciées et qu'on ne saurait trop encourager, au double point de vue de l'agriculture et de la salubrité.

Depuis longtemps, du reste, pour la plupart de ses besoins, la grande cité oranaise ne se contente plus de ce que lui envoie la métropole : elle crée à son tour.

Ainsi, nous avons, comme on a pu le voir : les raffineries de sel de M. Durand et de M. Fischer.

La fabrique de plâtre blanc et gris, pulvérisés, de M.

Daudé fils, qui a une usine spéciale faubourg Saint-André.

La fabrique de poterie de M. Aranda (Jacques), à Mers-el-Kebir. M. Aranda avait déjà présenté à l'Exposition internationale de Paris, en 1867, une fontaine artistique, des vases à fleurs et des gargoulettes à peu près semblables à celles qu'il vient d'exhiber ici et qui ont été retenues par M. le Ministre de la guerre pour l'Exposition permanente des produits algériens à Paris. En per_sistant, l'artiste arrivera certainement à se distinguer dans son art ; mais nous croyons qu'il ferait bien d'être moins prodigue d'ornements fragiles sur les objets de sa composition. Cela dit, nous lui souhaitons le succès de Bernard de Palissy, avec moins d'épreuves que le maître de la céramique n'en eut à supporter.

Nous avons encore :

La *Teinture Africaine*, pour les cheveux et la barbe, confectionnée par M. Bouchard, coiffeur à Oran, qui, dans les loisirs que lui laisse sa profession, est tour à tour dessinateur et numismate, comme il nous l'a montré par un tableau en cheveux et un médaillier rempli de monnaies anciennes et modernes.

Les pièces en cartonnage, comprenant de jolis nécessaires de dames et des cartons de bureau, confectionnés par le sieur Lefèvre, cartonnier et relieur à Oran.

La fabrique de chaises du sieur Grangier, qui n'emploie pour ces meubles que du noyer de Tlemcen.

Bien que dans le principe l'Exposition d'Oran ne dût être qu'agricole, elle devint, comme on l'a vu, par la force des choses, Exposition *générale*, si bien qu'il nous incombe le devoir de parler un peu de tout ; et, à cet égard, nous avons à citer deux artistes : Mme Arnal et M. Jofré.

Mme Arnal (Philippine), modiste à la Mosquée de Karguentah, a exposé diverses choses qui ont été fort prisées des dames. C'étaient d'abord des chapeaux, — de dames, bien entendu, — des formes de chapeaux, puis des fleurs artificielles. D'après l'attestation qui nous a été donnée par des visiteuses élégantes, dès lors les plus compétentes, rien de plus gracieux que les chapeaux et les formes, rien de plus joli et de plus frais que les fleurs.

M. Jofré (Eladio-Martinez), peintre à Oran, a présenté une photographie coloriée et deux portraits , genre espagnol, qui ont, à juste titre, attiré l'attention du public.

Nous avons mentionné plus haut une horloge de clocher. Hâtons-nous de déclarer que M. Meynet, horloger à Oran, de qui elle est, en a déjà livré plusieurs semblables, soit pour des édifices publics, soit pour des églises de nos campagnes. Avis aux communes qui n'en sont point encore pourvues ; car une horloge publique, dans un village, est une chose indispensable.

On a dit précédemment que les abords de l'Exposition étaient garnis d'instruments aratoires et de machines qui en formaient comme un ornement. Il y avait là, parmi eux :

Le ventilateur ou tarare perfectionné de M. Fayez, meunier à l'Hillil, qui nous a paru d'un bon usage, d'autant plus qu'il présente l'avantage d'ensacher le grain au fur et à mesure qu'il sort nettoyé.

Une collection d'instruments aratoires d'un bon choix, des modèles de noria, de pompe, de fouloir, pressoir, égrappoir, sortant des ateliers de M. Fourcade, mécanicien à Oran.

Des araires en fer présentées par M. le docteur Boyron, propriétaire même commune, et dont la force unie à la légèreté et à une bonne construction constituent des engins agricoles d'un vrai mérite.

Une charrue Dombasle avec avant-train, exhibée par un représentant de M. Pinoche, de Verdun, et qui paraissait devoir bien fonctionner.

Une admirable collection d'instruments aratoires perfectionnés, dépendant du matériel d'exploitation de la ferme de Sidi-Marouf, appartenant à M. A. Calmels, et donnant une haute idée des procédés de culture en usage dans cet établissement agricole.

Une machine, système Chaufourier, à égrener les cotons, exposée par M. Ch. Thomas, que nous avons vu fonctionner de la manière la plus satisfaisante; avec une force motrice des plus faibles, elle fait un travail étonnant et d'une exécution parfaite. Nous regrettons que M. Ch. Thomas, qui vient d'établir, avec des machines du même système, des ateliers d'égrenage, à Oran, Saint-Denis-du-Sig et Relizane, ne nous ait point donné sur le travail journalier de l'égreneuse dont il s'agit les renseignements qu'il nous avait promis, car nous nous serions fait un plaisir de les communiquer ici.

Enfin une petite machine à faire le crin végétal, exposée par M. Louis Lévy, négociant à Oran, et « construite, dit la déclaration, pour être distribuée aux Européens et aux indigènes qui désireront se livrer à cette industrie. » Cette machine que faisaient mouvoir deux petits Arabes tout en fumant leur cigarette, fonctionnait avec une grande facilité et produisait un crin bien conditionné.

En terminant ce paragraphe il n'est peut-être pas inutile de dire que la Préfecture d'Oran avait mis à l'Exposition une variété de riz de montagne, provenant de Java, et cinq variétés de graines d'Eucalyptus, envoyées par M. le Gouverneur Général pour en faire des essais dans la Province.

On a distribué à plusieurs colons une partie de ces semences en petites proportions, avec une brochure de M. Trottier, d'Alger, intitulée : « *Notes sur l'Eucalyptus et subsidiairement sur la nécessité du reboisement de l'Algérie.* »

C'était une occasion favorable de tenter la propagation des cultures dont il s'agit et l'on a dû en profiter.

Le riz *de montagne*, de Java, qui non-seulement vient sans irrigation mais encore craint l'humidité, serait, s'il justifie cette réputation, par une acclimatation judicieuse et persévérante, une bonne fortune pour le pays, en ce sens qu'il procurerait une excellente substance alimentaire.

I V

FÊTE. — BANQUET

Ce jour là
« Le soleil sur son char radieux
» Se leva pour éclairer la fête. »

Après avoir, durant 3 fois 24 heures, répandu, comme une bénédiction, une pluie bienfaisante sur le sol altéré, le ciel mit le comble à ses faveurs en nous accordant le plus beau temps qu'on put désirer.

Aussi, dès l'aurore de nombreux ouvriers étaient à l'ouvrage pour préparer la salle du festin solennel.

En trois heures tout fut terminé comme par enchantement.

Les vastes rangées de boxes, qui deux jours auparavant étaient garnies de bestiaux, se trouvèrent converties en deux galeries chacune de 76 mètres de longueur sur 4 de largeur. Une avenue large de douze mètres séparait ces deux galeries.

Dans le milieu de cette avenue un immense prélart, soutenu par une légère charpente dressée perpendiculairement aux galeries, formait une sorte de pavillon destiné aux autorités.

A chaque pilier des galeries un buisson de verdure et une caisse de fleurs ou d'arbustes donnaient au local la physionomie d'une *serre* de Palais.

L'avenue était fermée de tous côtés sauf vers la salle de l'Exposition où l'entrée était décorée d'instruments aratoires et de machines de tous genres formant rempart avec un passage au centre.

Des tables *pour 600 couverts étaient dressées*, savoir :

Une dans chaque galerie avec un passage dans le milieu de la longueur pour faciliter le service.

Une en travers de l'avenue, dite table d'honneur.

Deux autres, placées parallèlement, derrière celle-là.

En outre, entre ces tables et celle d'honneur s'en trouvait une autre.couverte des fruits et des primeurs les plus remarquables de l'Exposition, et plus bas que la table d'honneur encore une autre avec des vases de fleurs sur les bords et d'immenses plats en zinc dans le milieu.

Les tables à manger étaient entourées de chaises que deux paroisses d'Oran, celle de Saint-Louis et celle de Karguentah, avaient bien voulu prêter.

Conformément au programme, à neuf heures du matin eut lieu, devant une foule immense, la proclamation des noms des lauréats. Etaient présents les membres des deux Jurys, celui de l'Exposition et celui du Concours de bestiaux.

La lecture du rapport du Jury de l'Exposition fut écoutée avec le plus vif intérêt.

Aussitôt après, la musique des élèves de l'Orphelinat des garçons, de Misserghin, comptant vingt-cinq ou trente exécutants, a fait entendre quelques morceaux qui ont été fort applaudis.

Tout le monde a été émerveillé des progrès rapides réalisés par ces jeunes gens, auxquels la vie des champs ne laisse que les heures de récréation pour étudier l'art musical.

A dix heures et à la grande joie des curieux, se fit le tirage de la loterie, immédiatement suivi de la délivrance des lots gagnés.

Puis s'effectua le paiement des primes de la manière qui avait été arrêtée.

Avant de passer à la description du Banquet, qu'on nous permette ici une petite digression nécessaire.

Ainsi que nous l'avons dit ailleurs, « l'organisation » de ce Banquet était une chose délicate. Il eût été » mesquin de le réduire aux proportions d'une sorte » de collation ; il n'aurait pas été sensé d'en faire l'ob- » jet d'un festin proprement dit ; mais il était indis- » pensable de lui donner un caractère tout à la fois de » simplicité, de dignité, de Banquet agricole enfin, et » de fête publique, dont on put garder longtemps un » bon souvenir. »

Dans cet ordre d'idées, les convenances voulaient que les indigènes souscripteurs trouvassent sur leur table les mets qu'ils affectionnent, préparés et servis selon leurs usages ; les pauvres aussi ne pouvaient être oubliés. Tout cela fut décidé.

Mais pour régler tous ces détails une Commission était indispensable ; elle fut instituée par le Comité provincial et composée comme il suit :

M. Pisier, chef de bureau à la préfecture, président.

M. Janer, receveur principal des Douanes, vice-président.

Membres :

MM. Pascal, sous-chef de bureau à la Préfecture ;
    Combes, commis principal   id.
    Monin,   id.   id.
    Domecq, propriétaire à Oran ;
    Karouby (Messaoud), propriétaire à Oran ;
    Droz, architecte.

Cette Commission commença par dresser la carte du *Menu* qu'elle établit ainsi qu'il suit :

MENU DU BANQUET, PAR CENT COUVERTS

Hors d'Œuvre.

Saucissons,
Sardines,
Beurre,
Radis,
Olives.

Service de Table.

3 Agneaux rôtis, entiers, de 11 à 12 kil. l'un,
3 Cochons de lait rôtis, avec gelée,
10 Canards,
10 Poulets de grain, sauce mayonnaise,
5 Chapons à la galantine, montés sur soc,
3 Dindons rôtis, avec gelée,
Pain, 40 kilos,
Vin de table, du pays, 100 bouteilles,
Vin blanc de dessert pris à l'Exposition, 20 bouteilles.

Dessert.

20 petits Fromages, du pays,
15 kilos de beau Raisin,
7 kilos de belles Pommes,
7 kilos de belles Poires,
2 régimes de Bananes,
Biscuits,
100 Cafés,
4 bouteilles d'eau-de-vie, du pays.

Cela fait, la Commission appela les quatre principaux maîtres d'hôtel de la ville, leur communiqua l'état du menu ci-dessus énoncé, en leur proposant d'entreprendre par voie de soumission cachetée, le service du Banquet, soit individuellement, soit en commun.

Deux maîtres d'hôtel seulement répondirent à cet appel et l'un d'eux ayant offert sur son concurrent un rabais de 2 fr. 90 par couvert, fut déclaré adjudicataire au prix de 5 fr. par tête, sous réserve de toute la desserte pour être distribuée aux pauvres par la Commission.

Cet adjudicataire fut M. Houdou, maître de l'hôtel de la Paix, à Oran.

Il est près de midi ; depuis 7 heures du matin des Arabes sont occupés à faire rôtir, *tout entier*, devant un grand feu et une foule avide de ce spectacle d'un nouveau genre, *un bœuf et deux moutons* convenablement arrosés de beurre avec des aromates.

Enfin le couvert est mis avec élégance. Les tables couvertes de linge blanc se garnissent d'abord de bou-

AGRICOLE D'ORAN

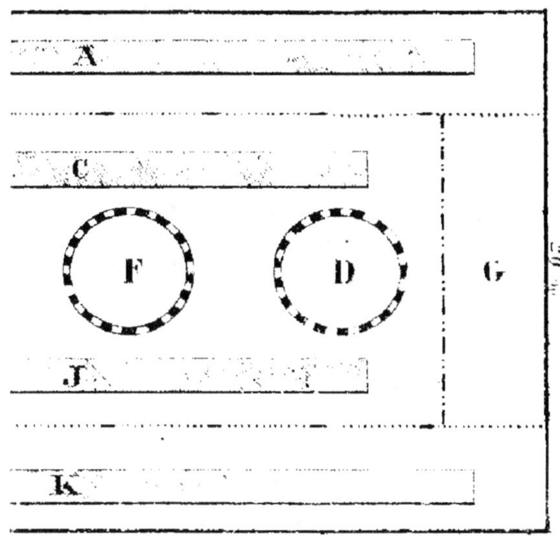

r vice Présidents du Comité Provincial.

il Commandant la subdivision a droite ;

ure Général de la Préfecture, à gauche

du Général. le Trésorier du omité ;

Camp du Général

du Secrétaire Général. M le Colonel de Place

ier adjoint du comité

l'orphélinat. H table chargée

our l'exposition des lots — G

gricoles — A.B.C.J.K.S. tables

Jury de l'Exposition

SALLE DU BANQUET DE L'EXPOSITION AGRICOLE D'ORAN

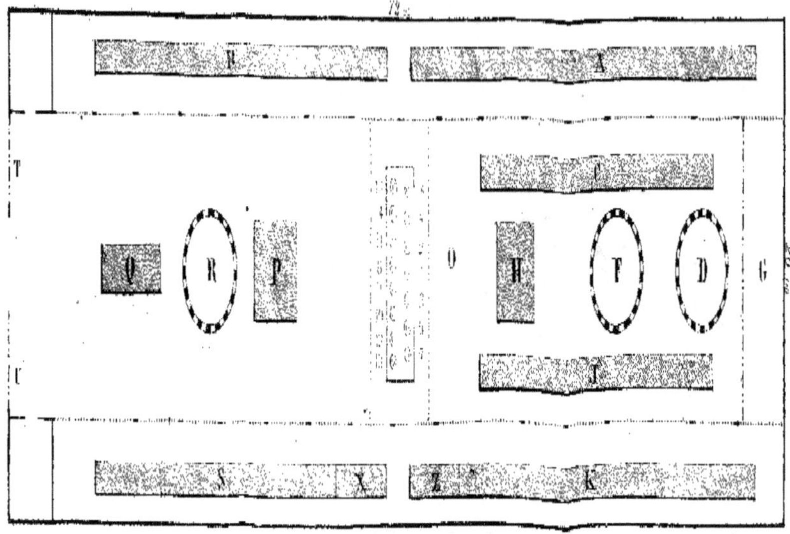

LÉGENDE
0 Table d'honneur.

1 Président du Comité Provincial

2 Général Commandant la Province, à droite

3 Le Préfet du département à Gauche.

4 A droite du Général, Le Maire d'Oran

5 Le Commandant d'État major

6 A Gauche du Préfet, Le chef d'État major de la division

7 Le Commissaire Général de l'exposition

8&9 Les deux vice Présidents du Comité Provincial.

10 Le Général Commandant la subdivision, à droite ;

11 Le Secrétaire Général de la Préfecture, à gauche.

12 A droite du Général, Le Trésorier du comité ;

13 L'Aide de Camp du Général

14 A gauche du Secrétaire Général, M. le Colonel de Place

15 Le Trésorier adjoint du comité

D. Musique des Zouaves — F. Musique Municipale ;— R. Musique de l'orphelinat. H. table chargée de verdure, fruits, fleurs, etc — P table du bœuf & des moutons rôtis. O. table pour l'exposition des lots — G verdure & instruments agricoles ;— TU Clôtures faites avec des instruments agricoles —A.B.C.J.K.S. tables des Souscripteurs au Banquet. Z. Commission du Banquet.— X. Jury de l'Exposition.

Échelle de 0m.003 p. m.

teilles, puis des hors-d'œuvre et enfin des pièces de consistance.

Sur la table d'honneur de beaux vases de fleurs tiennent lieu de *surtout*.

Puis on apporte triomphalement, encore tout embrochés, le bœuf et les moutons, que l'on pose sur les plateaux en zinc préparés pour les recevoir. Tout autour de ces rôtis *dorés et fumants* qui exhalaient un fumet délicieux, de nombreux plats de kouskous au jus de poulet et au raisin de Corinthe excitaient l'appétit.

Midi sonne à l'horloge bien réglée de M. Meynet, surmontant comme nous l'avons dit le fronton de la salle de l'Exposition.

Arrivent alors M. le général de Wimpffen, commandant la Province, accompagné de M. Deaddé, son commandant d'état-major, de M. Lasoryolle, colonel d'état-major de la Province ; M. Brossclard, préfet du département, et M. le secrétaire général de la préfecture ; M. Secourgeon, adjoint au Maire d'Oran ; M. le général Renson, commandant la subdivision, avec M. Danès, l'un de ses officiers d'ordonnance ; M. Butet, colonel commandant la place d'Oran.

M. le Général commandant la Province et M. le Préfet sont reçus à l'entrée de la salle du festin par MM. de Saint-Maur, président du Comité provincial, et A. Calmels, premier vice-président du même Comité.

En attendant l'arrivée de Mgr l'Evêque qui a promis d'honorer le Banquet de sa présence, les autorités ci-dessus dénommées se promènent par groupes dans la salle, dont elles examinent l'ensemble avec bienveillance.

Comme pour M. le Général commandant la Province, les tambours battent au champ : c'est Monseigneur qui arrive. On va le recevoir.

Sa Grandeur, après s'être entretenue quelques instants avec M. le Général commandant la Province, M. le Préfet, MM. les Président et Vice-Présidents du Comité provincial, fait le tour de la salle improvisée, adresse des compliments aux ordonnateurs de la fête, des paroles gracieuses aux convives et se retire, appelé à l'Evêché par une œuvre de charité. Monseigneur exprime ses regrets de ne pouvoir assister au Banquet et est reconduit jusqu'à sa voiture.

Alors la Musique de l'Orphelinat, sous la direction d'un Frère, s'est fait entendre ; celle de la Municipalité, sous la direction de M. Villet, a joué d'une manière remarquable l'ouverture de la *Dame Blanche*, et celle du 2ᵉ Zouaves, sous la conduite de son sous-chef, M. Flahaut, a exécuté quelques symphonies ; le nombre des artistes de ces trois corps de musique dépassait 120. La Musique de la Milice d'Oran, dirigée par M. Singelmann, avait bien voulu, le jour de la Toussaint, malgré le mauvais temps, faire entendre ses plus harmonieux accords.

Enfin, les barrières de l'enceinte s'abaissent : deux Commissaires, se tenant à l'entrée, reçoivent les cartes et introduisent les convives ; puis les barrières se referment gardées par deux factionnaires.

Aussitôt d'autres commissaires que distingue, comme

les précédents, une rosette à franges d'or ou d'argent, font placer les convives autour des tables.

A la table d'honneur prennent place M. le Président du Comité provincial, entre M. le Général commandant la province, à droite, M. le Préfet du département, à gauche. A droite de M. le Général : M. le 1er Adjoint au Maire d'Oran, M. le commandant Deaddé. A gauche de M. le Préfet : M. le Chef d'état-major de la division, M. Pignel, Commissaire général de l'Exposition.

En face : MM. les deux Vice-Présidents du Comité provincial entre M. le Général Renson, commandant la subdivision d'Oran, à droite ; M. le Secrétaire général de la Préfecture, à gauche. A droite de M. le Général Renson : M. Giraud, trésorier du Comité, l'aide-de-camp du Général Renson. A gauche de M. le Secrétaire général : M. le Colonel de place, M. Daudé, trésorier-adjoint.

Les membres du Jury se groupent à une même table, à hauteur de celle d'honneur. Les autres convives : Européens et israélites, colons, citadins, officiers, prêtres catholiques et rabbins se confondent dans un sentiment de mutuelle sympathie.

Les Arabes, représentés par plusieurs aghas et kalifas, chefs de tribus, membres du tribunal musulman, etc., sont réunis à l'extrémité de l'une des tables, où on leur sert les mets spécialement préparés pour eux. Un de ces chefs, parlant bien le français et déjà familiarisé avec nos usages, sert d'interprète. Tous paraissent prendre plaisir à ce qu'ils voient et s'intéresser à la fête dont on leur a expliqué le but.

Au moment du dessert les Musiques se sont de nouveau fait entendre.

Et immédiatement après, de leur côté, les jeunes musiciens de l'Orphelinat chantaient en chœur des morceaux composés pour la circonstance.

Ensuite M. Du Pré de Saint-Maur, s'étant levé pour prendre la parole, le silence s'établit ; tous les membres du Banquet se rapprochent de la table d'honneur qu'ils entourent, et M. le Président du Comité provincial, d'une voix accentuée, prononce le discours suivant :

MESSIEURS,

Labourage et pâture sont les deux mamelles de l'Etat, a dit un grand ministre dont la France a conservé le souvenir.

Si ces paroles, souvent citées, étaient vraies pour la France de Sully, si elles le sont encore pour la France de nos jours, combien ne le sont-elles pas davantage pour l'Algérie !

Ici l'industrie est dans l'enfance, et nos conditions économiques lui rendent difficile de secouer ses langes, malgré de courageux et honorables efforts. Le commerce roule principalement sur l'échange des denrées et des divers produits de la terre ; c'est donc sur le développement de l'agriculture que repose le progrès du pays, et j'ai bien lieu de redire que labourage et pâture sont les deux mamelles de l'Etat.

Aussi, messieurs, quand on proposa d'organiser par l'initiative de la population et au moyen de souscriptions privées, une Exposition des produits de la Province, suivie d'un banquet sur les tables duquel ces produits seraient seuls admis, ce projet fut accueilli avec une faveur unanime. Les colons s'empressèrent de souscrire, et les plus hautes autorités de la Province voulurent bien mêler leurs souscriptions aux nôtres. Elles ne cessèrent pas de nous seconder de leur concours moral.

Matériel, pour nous aider à abriter contre des torrents de

pluie les petits trésors de notre exposition ; transports, pour charrier ces masses de verdure qui la décorent ; hommes de garde pour la protéger ; tout nous a été libéralement accordé, et de plus, avec une bonne grâce qui a rehaussé de beaucoup cette libéralité.

Pour nous donner un nouveau témoignage de toute leur sympathie, elles n'ont pas hésité à venir prendre part à cette fête, et à s'asseoir à notre modeste banquet.

Monseigneur l'Evêque d'Oran, retenu aujourd'hui par le tirage d'une loterie pour les pauvres, qui se fait en ce moment chez lui, a su, pourtant, comme vous l'avez vu tout à l'heure, dérober quelques instants à ses occupations charitables pour venir nous dire à tous combien il était de cœur parmi nous. Je me félicite d'avoir cette occasion d'offrir à toutes nos autorités, à M. le Général commandant la Province et à M. le Préfet, les remerciements de la colonisation, et je les prie de vouloir bien en agréer la sincère et cordiale expression.

Elle a été vraiment heureuse cette idée de créer l'Exposition que vous voyez, et je suis fort à l'aise pour le dire, puisque aucune part ne m'en revient. J'étais en France lorsqu'elle est née dans l'esprit d'hommes dévoués à tous les progrès; j'ai appris à la fois, par une lettre que M. Calmels, président du Comice d'Oran et notre vice-président, m'écrivait, au nom du comité d'organisation, que ce comité mettait la main à l'œuvre et que ses suffrages m'avaient fait l'honneur de m'appeler à la présidence.

Je puis donc sans embarras louer le zèle infatigable de ces hommes qui ne se sont laissé décourager par aucune difficulté, qui ont fait appel au concours de tous les agriculteurs, veillé à tous les détails de cette laborieuse création et, comme membre des divers jurys, apprécié les produits et décerné les récompenses aux exposants. Je ne serais pas l'interprète du sentiment public si je ne mentionnais pas spécialement le secrétaire général de notre comité, M. Pignel, à qui est revenu la plus lourde part dans cette tâche, et si je ne disais que tous ensemble, comité et jurys, ont bien mérité du pays.

Sans vanité nous pouvons dire que, pour un premier essai, notre exposition a réussi, en dépit des pluies abondantes qui viennent de faire tant de bien à nos campagnes, mais qui ont, jusqu'à hier, singulièrement contrarié les préparatifs de cette fête. Maintenant, ce n'est pas tout d'avoir obtenu un succès. Ce sont des expositions annuelles que nous avons à fonder, et dont il nous faut assurer l'avenir. Pour cela, veuillez me permettre de vous soumettre un projet qui a recueilli déjà de nombreuses adhésions.

Il s'agirait d'établir, ou plutôt de rétablir, car elle a déjà existé, une Société provinciale libre d'agriculture, en mesure d'être, avec une complète indépendance, comme celle qui fonctionne si bien à Alger, l'organe de tous les producteurs.

Cette Société, à l'exemple de celle des agriculteurs de France, pourrait se diviser en sections diverses, comme :

Section de cultures, céréales, etc. ;
—   d'horticulture ;
—   de viticulture ;
—   de bétail ;
—   de sciences, arts et industries agricoles, etc., etc.

Afin de rendre, autant que possible, l'entrée dans cette Société accessible à tous, 5 fr. seulement seraient payés en souscrivant, comme première mise, et, dans une assemblée générale, les souscripteurs détermineraient ensuite quel serait le montant des cotisations annuelles.

Chacune des sections aurait son président, ses bureaux, son fonctionnement spécial, et, toutes réunies, composeraient la Société provinciale, qui s'appuierait, à son tour, sur les divers Comices locaux, chercherait à les multiplier et à créer entre tous une rivalité de zèle profitable au progrès général. La Société serait le corps et les Comices les bras, et, comme le sang dans le corps humain, l'émulation circulerait du cœur à tous les membres dans le grand corps agricole.

Nous serions alors en mesure de nous charger de tous les Concours organisés jusqu'ici par l'administration.

En France, le ministre actuel de l'agriculture et du commerce, ne se réservant que le grand Concours central de bêtes grasses qui a lieu à Paris, vient de remettre, avec les fonds qui leur sont affectés, tous les Concours agricoles, régionaux et autres, aux institutions libres, Sociétés, Comices qui existent sur les divers points de la France, voulant a-t-il dit. que ces affaires agricoles fussent désormais réglées par les agriculteurs.

Il y a lieu d'espérer que, sous ce rapport, l'Algérie ne demeurera pas en arrière de la France.

Un illustre Maréchal, dont le nom est demeuré populaire parce qu'il fut un ami de la colonisation, et qui a conquis dans notre province son plus beau titre, le vainqueur d'Isly, avait pris pour devise : *Ense et aratro : par l'épée et par la charrue.* Cette devise, il l'a léguée à l'Algérie, et l'on peut dire que l'épée jointe à la charrue sont devenues son emblème. C'est par les mains des soldats qu'ont été conquises les trois provinces qui forment, aujourd'hui, un des plus beaux fleurons de la couronne de France.

C'est par les mains des colons, dont beaucoup sont d'anciens soldats, qu'elles deviendront fécondes. C'est sur l'alliance loyale de ces deux forces que l'Algérie doit fonder ses meilleures espérances d'avenir.

Aujourd'hui, grâce à Dieu, l'armée peut se reposer sur ses armes à l'ombre de ses lauriers ; la conquête est faite, il n'y a plus qu'à la maintenir. Pour nous colons, au contraire, notre tâche commence et pour nous il n'y aura plus de repos ; car en agriculture le progrès appelle le progrès, et plus la culture se perfectionne, plus, sur un même espace, il faut verser de capitaux et de sueurs pour en tirer des récoltes de plus en plus abondantes

Organiser la production en Algérie, peupler et défricher, voilà désormais la grande affaire, et c'est à nous colons que, par sa nature même, elle doit revenir.

En France, un mouvement irrésistible de l'opinion appelle les administrés à une intervention de plus en plus directe dans la gestion des affaires communes. Conseils municipaux, Conseils généraux, vont voir accroître largement leur indépendance et leur sphère d'action.

Il doit en être de même, à plus forte raison, dans un pays comme le nôtre, que ne déchirent pas les luttes politiques et où toutes les préoccupations des colons se portent naturellement sur les moyens d'assurer leur sécurité, en arrivant, dans le plus bref délai, à balancer par leur nombre celui des populations indigènes.

Toutes les questions de terre, car sans terre il ne saurait y avoir de peuplement ; d'eaux, car de leur aménagement dépendra la richesse du pays ; de boisement, car si l'on ne protége pas mieux contre les incendies et les diverses causes de destruction les ressources forestières et même les broussailles qui recouvrent les sommets et les pentes de nos montagnes, l'eau manquera toujours, et de plus en plus, à une grande partie du pays. Toutes ces questions, dis-je, et toutes celles, en un mot, qui touchent à la colonisation, doivent être remises à un conseil général de la Province élu par la population, constituant pour la conduite de ses affaires un grand conseil de famille investi des plus larges attributions.

C'est aux hommes qui ont lié d'une façon indissoluble leur avenir et celui de leurs familles à l'avenir du pays, à étudier, à diriger les mesures qui décideront de cet avenir. La colonisation, comme l'agriculture, ne saurait vivre au jour le jour. Ses opérations sont presque toutes de longue haleine ; elle a besoin de voir loin devant elle, et personne n'est plus propre à ce rôle que les hommes dont les soins et le temps ne sont pas absorbés par les détails administratifs des affaires journalières ; personne n'y est plus intéressé que les hommes qui n'ont à attendre d'autre avancement que l'avancement général du pays, et qui, en veillant à l'intérêt général, veilleraient à la fois à celui de leurs enfants.

Durant la session dernière du Conseil général nous avons entendu M. le général de Wimpffen émettre avec chaleur, dans la commission des vœux, des idées toutes semblables, et, comme président de cette commission, j'ai pu, au nom de tous mes collègues, lui adresser nos félicitations unanimes.

La tâche sera lourde, sans doute, et, il ne faut pas se le dissimuler, avec des droits plus étendus naîtront, pour les mandataires des colons, une grave responsabilité et des devoirs nouveaux ; mais leur patriotisme saura les mettre à la hauteur de ces devoirs.

Des hommes trop prévoyants, car ils prévoyaient bien à tort, se sont inquiétés de l'avenir des Arabes et ont prêté aux colons la pensée de les traiter comme les Américains ont traité les Peaux-Rouges. Ils ont voulu, ils voudraient toujours s'interposer entre les indigènes et nous. Ils oublient que la liberté des rapports a toujours été demandée des deux côtés. Les Arabes sont mêlés à nous dans nos exploitations ; vous en voyez à ce banquet, et plusieurs sont portés sur nos listes de lauréats.

Au nom de la colonisation je proteste contre ces dispositions que l'on nous suppose. Les colons sont des Français, et les âmes françaises ne conçoivent guère de ces pensées d'égoïsme. Personne ne sollicite mieux et plus que nous les indigènes à entrer dans les voies de rapprochement et d'union que leur ouvre si largement la France. Nous ne les prêchons pas seulement de paroles, nous les prêchons encore bien plus d'exemple, en leur montrant comment, par le travail, cette loi inéluctable de tous les temps, et plus que jamais de notre époque, on assure l'avenir de la famille et on conquiert une indépendance honorable.

Le contact avec les races actives de l'Europe fait à la société arabe des conditions nouvelles d'existence. Ce n'est pas en rêvant de maintenir entre elles et nous une muraille impossible, en s'efforçant de faire tenir debout son organisation qui s'écroule, mais en multipliant, au contraire, les occasions de rapport, que l'on peut tirer cette société d'une immobilité séculaire qui, si elle se prolongeait équivaudrait fatalement au suicide. C'est nous, colons, et nous seuls, qui pouvons la sauver; et si, pour protéger cette immobilité, des voix faisaient entendre le mot fataliste : *c'était écrit*, nous leur répondrions : Non, le doigt de Dieu n'a écrit le suicide dans aucune destinée ; ce que vous croyez lire n'existe que dans votre imagination ; la main de la France est venue l'effacer.

Encore une fois, non ! mille fois non ! nous ne songeons pas à dépouiller les indigènes.

Français et chrétiens, et à ce double titre nés pour être les champions de toutes les idées généreuses, nous n'avons pas failli à notre mission ; nous n'avons jamais appelé l'oppression sur la tête de personne ; nous avons toujours réclamé, pour les indigènes comme pour nous, la garantie tutélaire des grands principes de notre droit comme Français.

Au milieu de cette fête de la colonisation, permettez-moi, messieurs, de me reporter par la pensée vers les jours douloureux de son passé. Depuis 25 ans j'ai vu dans nos rangs tomber bien des victimes sous les coups de la mort ou du malheur. Ils sont nombreux les laboureurs ensevelis dans leur sillon inachevé, et pourtant toujours les vides se sont comblés. On a serré les rangs comme font nos soldats sous la mitraille, et notre phalange n'a jamais cessé d'avancer.

Je ne puis, sans émotion, songer à tous ces hommes qui furent les compagnons de nos premiers travaux, et vous trouverez naturel que je paie un tribut à leur mémoire, en vous proposant ce toast :

AU SOUVENIR DES COLONS DE LA PREMIÈRE HEURE, AUXQUELS

IL N'A PAS ÉTÉ DONNÉ DE VOIR CE JOUR ;

AU SUCCÈS DE CEUX QUI CONTINUENT RÉSOLUMENT LEUR OEUVRE ,

A LA PROSPÉRITÉ DE L'AGRICULTURE ;

ET C'EST DIRE A LA PROSPÉRITÉ DU PAYS TOUT ENTIER.

Ce discours, écouté avec la plus grande attention, est interrompu par de chaleureux applaudissements.

A son tour M. Calmels, premier Vice-Président du Comité provincial, prend la parole et s'exprime en ces termes :

Messieurs,

Mes fonctions de vice-président de cette fête de famille m'amènent à penser qu'il vous sera peut-être agréable de connaître le bilan de la colonisation *européenne* de la province d'Oran.

La période que je veux décrire a pour point de départ l'année 1845, la première pendant laquelle il fut possible à l'administration civile de recueillir quelques données sur la colonisation par les Européens. Elle s'arrête au 30 juin de cette année.

De 1845 à 1869 nous comptons donc vingt-quatre ans.

En vous donnant les chiffres comparatifs entre ces deux limites extrêmes, j'aurai atteint, je l'espère, un but important : établir une comparaison exacte entre ce qu'a été cette colonisation à son début et ce qu'elle est aujourd'hui ; bien qu'à vrai dire l'extension véritable de la colonisation *européenne* ne remonte pas au delà de 1853, et que, dès lors, les résultats les plus sérieux ont été obtenus en moins de seize ans.

Commençons nos chiffres statistiques en 1845.

A cette époque la population *rurale européenne* était de 570 individus, cultivant 670 hectares, dont 600 en céréales. Au 30 juin 1869 cette population atteignait le chiffre de 28,677 personnes, possédant 275,000 hectares, — moins de 10 hectares par individu, — cultivant 72,000 hectares, dont 62,000 en céréales

En 1845 les Européens possédaient 118 têtes de bétail ; ils possédent aujourd'hui 127,000 têtes, dont le Concours régio · nal vient de vous fournir de remarquables spécimens.

Le matériel agricole qui, en 1845, n'avait qu'une valeur insignifiante, s'élève aujourd'hui à 19,889 objets, d'une valeur totale de 2,400,000 fr.

Vous avez pu remarquer à l'Exposition des instruments anglais perfectionnés.

En 1845 les constructions, qui s'élevaient à une valeur totale de 410,000 fr., atteignent en ce moment, pour 7,145 maisons, 133 moulins, 2,506 puits et norias, le chiffre considérable de 31,495,000 fr.

Les défrichements s'élèvent à 125,387 hectares. Il existe 1.056,000 arbres, et 174 apiculteurs *européens* possèdent 2.244 ruches.

Dans les cultures diverses d'une grande importance, les Européens de la province récoltent le coton sur une surface de 2,379 hectares, le lin sur 1,809 hectares ; la vigne s'étend sur 3,720 hectares.

Cette dernière production, qui prend tous les jours un développement considérable, doit, dans quelques années, par le seul fait de travaux plus soignés ou mieux entendus, répondre à tous les besoins de la consommation et même nécessiter des débouchés à l'étranger.

L'Exposition des produits agricoles, Messieurs, ne vous a-t-elle pas donné une idée exacte de l'importance que les colons *européens* attachent à la culture de la vigne ? Vous avez pu constater leur émulation par leur nombre, la variété et la qualité des produits exposés.

En calculant le rendement moyen d'un hectare à 20 hectolitres, rendement très-ordinaire, la province récolte aujourd'hui de 70 à 80,000 hectolitres.

Messieurs, devant cette immense progression des résultats obtenus de jour en jour, nous sommes, il me semble, fondés à déclarer que si nous n'avons pas été, strictement parlant, les ouvriers de la première heure, nous avons, par nos efforts, donné un immense élan au développement des ressources du pays.

Comment expliquer cette prodigieuse métamorphose d'un sol abandonné jusqu'ici à l'incurie des anciens possesseurs, si ce n'est par cette activité fébrile qui distingue entre tous le colon de l'Algérie et surtout le colon français, cette activité infatigable que je serais presque tenté d'appeler « la rage du devoir ? »

A quel degré de prospérité ne serions-nous pas arrivés aujourd'hui, messieurs, je vous le demande, si la colonisation *européenne* n'avait pas eu à lutter contre le feu de l'ennemi, contre de funestes insurrections dont nous n'avons pas ici à rechercher les causes, contre le choléra, les sécheresses anormales, les nuées de sauterelles, la famine, le typhus, les vols à main armée, les massacres dans les fermes isolées ; enfin, dans un autre ordre d'idées, contre les brochuriers anonymes, ennemis de la colonisation, et cette succession non interrompue de *décisions, arrêtés, circulaires ministérielles, ordonnances, décrets, lois et sénatus-consultes* dont les contradictions n'étaient que le résultat naturel de la lutte de deux intérêts opposés. Lutte malheureuse, Messieurs, à laquelle nous avons assisté jusqu'ici, chaque jour pour ainsi dire, depuis que s'agitent les questions du régime administratif du pays.

Notre devoir ne nous oblige-t-il pas aussi à déclarer que les territoires livrés à la colonisation européenne sont trop étroitement circonscrits : les terres manquent aux colons lorsque des espaces immenses demeurent inutilisés entre des mains oisives; enfin que l'immigration ayant été découragée, les bras ne suffisent plus au développement que prennent nos cultures.

Ne devons-nous pas constater encore que les capitaux n'arrivent pas avec l'empressement auquel les convient les richesses naturelles de notre sol ; que le pays manque de nouveaux centres agricoles, de voies de communication plus complètes en même temps que moins coûteuses, et, par dessus tout, des barrages ou réservoirs de cette eau qui, solidement aménagée, assurerait à tout jamais la richesse de la colonisation, et qu'on laisse pourtant aller se perdre dans les sables ou à la mer.

Tandis que nous, Colons européens, nous nous efforçons à couvrir le sol soit en arbres fruitiers, soit en arbres forestiers qui assurent des plantations durables, assainissent le climat et en modifient les conditions hygrométriques, quelques indigènes égarés, dignes successeurs des Vandales, dévastent nos forêts. Ce sont eux qui, pour les vendre à vil prix dans nos villes et sous nos yeux, détruisent les jeunes plants et sèment annuellement dans les montagnes ces désastreux incendies qui nous privent du bois dont nous avons partout si grand besoin. Et tout cela pour procurer à leurs troupeaux nomades quelques misérables pâturages éphémères qui les dispensent d'un labeur sérieux.

En vous signalant les maux dont je viens de vous parler, Messieurs, je n'éprouve aucun désir de faire ici une critique systématique du passé ; je n'ai qu'un but, c'est de signaler les entraves qu'a éprouvées jusqu'ici la colonisation européenne. En effet, ce n'est pas au moment où tous les échos semblent nous annoncer comme très-prochaines les modifications importantes que je pourrais avoir cette pensée. Nous avons avec nous, pour l'accomplissement de la grande œuvre colonisatrice que nous poursuivons, les bienveillantes dispositions de l'honorable Général commandant la province, qui, sans dédaigner, comme trop modeste, cette petite solennité qui nous rassemble, a bien voulu prendre place au milieu de nous et encourager nos efforts.

Messieurs, le Gouvernement qui s'occupe activement de nos destinées en ce moment ne saurait voir d'un œil indifférent l'immense avenir réservé à l'Algérie et à notre province en particulier. Il ne restera pas sourd, j'en suis intimement convaincu, aux aspirations qui nous sont communes et que je traduis par ce toast auquel vous allez vous associer avec moi :

« VIVE LA COLONISATION ALGÉRIENNE. »

Cet historique de la colonisation, présenté par M. Calmels, cette situation statistique où sont groupés avec méthode des chiffres si éloquents et si peu connus, font sensation sur l'auditoire et attirent à l'orateur des félicitations empressées.

Aux deux discours ci-dessus repro luits, M. le Général commandant la Province a répondu avec cette facilité d'élocution qu'on lui connaît.

Après avoir adressé aux membres du Comité provincial de bonnes paroles sur l'organisation de l'Exposition et de la Fête agricoles dans des conditions toutes nouvelles, et sur le succès obtenu, M. le Général signale les bons effets que produisent les Expositions agricoles, et déclare qu'on ne saurait donner trop d'éclat à la solennité qui les termine, c'est-à-dire, à la proclamation des lauréats et à la distribution des récompenses.

Des bravos chaleureux accueillent cette allocution.

Chaque convive, reprenant sa place, fait honneur au dessert, au vin blanc de l'Exposition. La gaîté éclate de toutes parts, non pas une gaîté bruyante, mais bien l'expression d'une joie franche et cordiale ; les verres se choquent, des santés réciproques sont portées, de bonnes poignées de mains s'échangent ; c'est, en un mot, le tableau le plus éloquent des sentiments fraternels qui unissent les colons.

Puis on apporte le café, le cognac et les liqueurs que

M. Chartroux, dont nous avons déjà parlé, a gracieusement offertes.

Les musiques se font de nouveau entendre, et sont écoutées avec le même plaisir par les convives reconnaissants.

Plusieurs tables étant devenues libres, MM. les Musiciens y prennent place ; elles sont servies comme les précédentes.

Il est quatre heures : c'est le tour *des pauvres*, conviés par les soins des Commissaires du Banquet.

Toute la desserte est réunie ; les pièces intactes sont dépécées , les morceaux égalisés , et la distribution commence sous la direction des mêmes Commissaires, qui se donnent ainsi la satisfaction de faire des heureux.

Ainsi s'est terminé ce Banquet qui fait le plus grand honneur à l'entrepreneur, M. Houdou, maître de l'Hôtel de la Paix. Tous les mets étaient bien préparés et 600 personnes ont été servies avec une régularité que n'ont troublée ni un accident, ni une plainte.

Oui, c'est ainsi que s'est passée cette fête de famille, cette fête sans précédents, qui fera époque dans les annales de la colonisation et dont on conservera longtemps le souvenir.

Puisse cette fête, par son exemple, devenir féconde en bons résultats en montrant une fois de plus ce que peut l'union des cœurs et des intérêts.

VI

PRODUIT DES SOUSCRIPTIONS

LIQUIDATION DES COMPTES

Pour la régularité des choses, il importait qu'un Comité, dit du contentieux, fut institué à l'effet d'examiner les listes de souscriptions, de faire le relevé des sommes à recouvrer, de vérifier et contrôler toutes les pièces relatives aux recettes et aux dépenses, en un mot de procéder à la liquidation de tous les comptes de l'Exposition et de la Fête agricoles, afin de pouvoir justifier aux souscripteurs de l'emploi de leurs fonds.

Ce Comité fut composé de trois membres :

MM. Janer, Daudé et Lamur, déjà nommés plusieurs fois sous les paragraphes qui précèdent ; lesquels voulurent bien accepter la mission à eux confiée, et dont les opérations se résument de la manière ci-après :

ACTIF

Article unique

D'après le dépouillement des listes, au nombre de 88, il s'est trouvé 1,252 souscripteurs, et le chiffre des souscriptions s'est élevé à la somme totale de 5,482 fr., qui seule représente l'actif, sauf les non-valeurs qui seront indiquées au passif, et le recouvrement intégral des sommes considérées comme créances certaines, ci............. 5.482 »

PASSIF

Il se compose comme il suit :

Article premier

Apposition d'affiches en ville......	24 90	
Affranchissement, pour l'intérieur, d'affiches, circulaires, lettres........	12 75	
Frais de bureau, gardiens de l'Exposition, commis aux écritures, etc..	211 70	
Factures des imprimeurs, pour affiches, circulaires, diplômes, etc......	449 »	
Frais divers : voyage d'un membre du Comité provincial dans l'intérieur, etc	64 »	
Porteurs des listes pour recueillir des souscriptions, commissionnaires, mouvement de colis, d'instruments aratoires, etc........................ .	72 »	
Ensemble.....	834 35	834 35

Art. 2

Achat d'un bœuf et de deux moutons, salaire de cuisiniers arabes, bois, charbon, beurre, kouskouss, rafraîchissements pour des musiciens	211 60	
Frais de décor pour le local du Banquet...........................	20 »	
Note de M. Houdou, maître d'hôtel, pour frais du Banquet.............	2.816 »	
Ensemble.....	3.047 60	3.047 60

Art. 3

Pour 79 primes affectées aux produits exposés les plus méritants..................	1.240 »	
A reporter....	1.240 »	3.881 95

	Reports.....	1.240 »	3.881 95
Pour achat de produits destinés à composer les lots à tirer au sort entre les souscripteurs...................	404 75		
Ensemble.....	1.644 75	1.644 75

Art. 4

Frais de construction de la baraque de l'Exposition, installation des gradins et volaillers, dressage des tables pour le Banquet, etc............ 924 »

Art. 5

Pour non-valeurs sur les souscriptions, c'est-à-dire sommes non payées et d'un recouvrement jugé plus qu'incertain 152 30
Pour doubles emplois provenant d'inscription de souscriptions sur plusieurs listes .... 100 »

| | Ensemble..... | 252 30 | 252 30 |

Total général du passif.... 6.703 »

BALANCE

L'actif est de .... 5.482 »
Le passif de................................ 6.703 »

Par conséquent, il y a eu dépassement du passif sur l'actif de.......................... 1.221 »
Mais le Conseil municipal de la ville d'Oran ayant voté un crédit de 924 fr. pour faire face aux dépenses mentionnées sous l'art 4 du passif ci-dessus, ci...................... 924 »
D'un autre côté, plusieurs exposants ci-après dénommés ayant fait abandon, au profit de l'Exposition et de la

A reporter..... 924 » 1.221 »

| | Reports....... | 924 » | 1.221 » |
Fête agricoles, du montant des primes à eux attribuées par le Jury
comme lauréats du Concours, c'est-à-
dire d'une somme totale de .... 95 »

| | Ensemble..... | 1.019 » | 1.019 » |

Le dépassement dont il s'agit s'est trouvé ré-
duit à la somme de 202 fr. restée à la charge du
Comité provincial, ci .... 202 »

*Noms des lauréats qui ont fait abandon de leurs primes au
profit de l'Exposition et de la Fête agricoles*

MM. Karoubi (Messaoud), négociant à Oran....... 15 fr.
     Janer, propriétaire à Arcole............... 5
     Le Docteur Dupuy, d'Oran................. 15
La Société de l'*Union agricole du Sig* 25
MM. Lamur, propriétaire à Oran................ 20
     Lescure,   id.   à Relizane............. 15

                 Total..... 95 fr

VII

OBSERVATIONS SUR LES EXPOSITIONS EN ALGÉRIE

Nous avons dit en tête de cette brochure que les
expositions étaient le baromètre de la prospérité d'un
pays et c'est une vérité incontestable. Nous ne reviendrons

donc pas là-dessus, mais nous croyons nécessaire, en terminant ce travail, d'entrer dans quelques considérations au sujet des *Expositions*, du moins en ce qui a rapport à l'Algérie.

Le succès de ces exhibitions dépend ordinairement de la manière dont elles sont organisées; du choix de l'époque et du lieu où elle doivent se tenir, de l'activité d'un comité spécial ou d'un Commissaire général qui doit en être la cheville ouvrière, enfin de la composition du Jury dont les appréciations judicieuses, reposant sur une parfaite connaissance des choses, doivent inspirer aux exposants une entière confiance.

Mais, avant d'aller plus loin nous devons dire que malgré tout son bon vouloir l'administration n'a point l'aptitude nécessaire pour mener à bien les Expositions, surtout celles qui sont essentiellement agricoles. La chose est ainsi et nous devons le constater.

L'administration peut bien, à l'aide des Chambres consultatives d'agriculture, établir le programme d'une Exposition agricole, mais les lenteurs de ses rouages, mais son défaut de connaissance intime de certaines mesures à prendre, que les agriculteurs du pays sont seuls en état de prévoir, la difficulté pour elle, à présent qu'il n'y a ni inspecteur de colonisation ni inspecteur de l'agriculture, de s'occuper incessamment de la chose, de trouver des hommes spéciaux pour composer les Jurys, font qu'en pareille matière ses meilleures dispositions ne sont pas réalisées en temps opportun et n'aboutissent qu'à des demi-mesures.

Le fait a d'ailleurs été reconnu en France, car le

Gouvernement vient de confier aux Sociétés d'agriculture le soin d'organiser elles-mêmes ses concours, ceux de bestiaux par exemple (excepté celui de Poissy); dans ce but il met à la disposition de ces Sociétés le montant des crédits que chaque année il affectait aux exhibitions de cette nature.

Pourquoi ce qui est pratiqué, en France quant aux concours des bestiaux, ne le serait-il pas en Algérie, même pour tous les concours agricoles?

Le résultat de notre Exposition par l'initiative privée ne prouve-t-il pas d'une façon évidente tout ce qu'on peut espérer d'une semblable mesure ?

La *Société d'Agriculture, des Sciences et des Arts,* actuellement en voie de création pour la Province, remplacerait certainement avec un plein succès l'action de l'Administration qui se trouverait alors déchargée d'une entreprise qui n'est pour elle qu'un embarras.

Ajoutons en passant que la réalisation de cette Société à laquelle, nous n'en doutons pas, voudront contribuer tous les hommes sérieux et dévoués, aux progrès intellectuels et matériels de la Colonie, fournirait à ces mêmes hommes la précieuse occasion de satisfaire leurs goûts et de propager leurs connaissances. Chacune des branches de la Société aurait sa section et son bureau particulier.

Nous posons en principe qu'il est indispensable qu'une Exposition provinciale soit générale, c'est-à-dire, que les produits de toute nature y soient réunis ; c'est l'unique moyen de faire connaître tous les progrès et d'en assurer le développement.

A notre avis encore on ne doit jamais oublier dans ces solennités les gens de service qui se sont distingués par leur bonne conduite et leur zèle. On ne saurait trop honorer et trop encourager, selon leur mérite, ces précieux auxiliaires de toute exploitation rurale.

L'époque qui paraît la plus favorable pour les Expositions en Algérie est la fin de septembre. A ce moment les chaleurs sont modérées, les mauvais temps ne sont pas encore à craindre, les vendanges sont terminées, les travaux des champs laissent quelques loisirs aux cultivateurs, et tous les produits du sol peuvent, sauf quelques exceptions, être réunis.

Quant au lieu de l'Exposition, si celle-ci est générale, il est naturel et même de toute nécessité qu'elle se tienne au chef-lieu de la Province afin qu'un plus grand nombre de visiteurs puisse s'y rencontrer. Le but d'une Exposition est d'attirer tous les regards, l'examen, la comparaison et finalement de provoquer l'émulation. Aussi toute Exposition générale ne peut-elle durer moins de trois ou quatre jours pleins pour les bestiaux, et moins de huit à dix jours pour tous les autres produits.

Ces délais répondent logiquement aux frais considérables que nécessite l'installation et au but moral auquel nous venons de faire allusion. N'est-il pas essentiel, en effet, que le public juge par lui-même et non par des rapports qui ne sont publiés que lorsqu'on ne pense plus aux Expositions? Ne faut-il pas qu'il soit frappé de ce qu'il a vu pour en temps et lieu en retirer tout le profit que ces Expositions ont pour but de procurer ?

Dans cet ordre d'idées n'est-il pas regrettable de voir des villes d'une importance secondaire jalouser le chef-lieu où se tient une Exposition, vouloir resserrer dans un cercle étroit ce qui n'a sa raison d'être que par la plus grande publicité?

Tout ce qui précède s'applique, bien entendu, aux Concours généraux de bestiaux ou autres produits sans vouloir exclure les Concours particuliers ou locaux.

Nous n'entrerons pas ici dans les détails que comporte l'installation des locaux destinés aux Expositions et aux Concours de bestiaux, bien qu'il y ait beaucoup de choses à dire à ce sujet. Mais nous constaterons de nouveau l'urgence d'avoir partout une salle *convenable* pour célébrer dignement, honorablement, la grande Fête de famille qui doit clore toute entreprise de ce genre.

La composition du Jury d'un concours, avons-nous dit déjà, est un point des plus importants. Dans l'état actuel des choses, l'administration est toujours fort embarrassée pour arriver à cette composition d'une manière satisfaisante, et rarement elle y parvient, la plupart des personnes qu'elle désigne pour remplir les fonctions de membre d'un Jury, n'acceptent point la mission, les unes, parce qu'elles la considèrent comme une corvée qu'on leur impose, les autres, et c'est le plus grand nombre, parce qu'elles craignent de se faire des ennemis des exposants auxquels elles n'auraient pas été favorables. Et alors, comme a dit Beaumarchais : « Là où il faudrait un académicien on nomme un musicien. »

Pour éviter ces inconvénients, et offrir aux exposants

toutes les garanties désirables, il est un moyen bien simple qui aurait un plein succès ; le voici :

L'administration en faisant connaître le programme de l'Exposition, par des affiches et les journaux, *et cela plusieurs fois*, exigerait des exposants 15 jours avant l'Exposition une déclaration complète des animaux ou produits à exposer. Cette déclaration faite dans le délai sus-indiqué, *sous peine de nullité*, serait adressée au commissaire général chargé par l'administration de recevoir et centraliser toutes les déclarations.

M. le commissaire général alors convoquerait tous les exposants à l'effet de composer le Jury ; la réunion aurait lieu, au jour fixé par la convocation, dans une des salles de la Mairie, et l'élection des membres à choisir, soit parmi les exposants eux-mêmes, soit au dehors, aurait lieu au bulletin secret.

Les membres élus de cette manière n'hésiteraient pas à accepter un mandat dont les auraient honoré leurs confrères et ils se feraient un devoir d'apprécier avec toute l'impartialité que comporte une Exposition.

Les exposants seraient jugés par leurs pairs, et jamais plus ne se renouvelleraient ces récriminations attribuées à l'ignorance et parfois à la partialité de tel ou tel juré à l'égard d'un exposant dont il a des faveurs à attendre.

Sous l'empire de cette institution démocratique par excellence, les colons s'empresseraient de concourir et, nous ne craignons pas de l'affirmer, nos Expositions acquerraient en peu d'années une importance considérable. Si cette modification dans l'institution du Jury pour

les Expositions, modification capitale, n'était pas réali-
sée dans le délai le plus prochain, nos concours seraient
délaissés et les intérêts agricoles de la Province auraient
à en souffrir; mais nous savons pouvoir compter sur la
bienveillance de l'administration pour qu'il en soit autre-
ment.

Nous répéterons que l'envoi des déclarations au moins
quinze jours à l'avance est une mesure qui doit être ri-
goureusement observée, pour mettre le commissaire général à même de prendre les dispositions nécessaires
pour l'installation matérielle du concours et préparer
pour le Jury les états des produits par catégorie. Car,
établissons ce principe, qu'il est à proprement parler
Directeur de l'Exposition, et que seul il doit en avoir la
police, comme la responsabilité du succès. On a maintes fois agité la question de savoir s'il ne conviendrait
pas de désigner les objets exposés, uniquement par un
numéro d'ordre au lieu du nom du propriétaire.

Cette méthode, déjà essayée en France, serait certainement préférable à tous égards. Mais il est indubitable
qu'elle ne satisferait pas le plus grand nombre des exposants qui, indépendamment de l'espoir d'obtenir un
prix, recherchent encore les éloges que peut leur décerner le public.

Nous ne dirons rien de la rédaction du programme
d'une Exposition en Algérie, en tant qu'il s'agit des conditions du concours, mais nous devons présenter quelques observations sur la nature des récompenses.

Jusqu'à ces années dernières, il était d'usage d'affec-
ter aux premiers et seconds prix des primes en espèces

et des médailles en or, argent et bronze. Depuis on a, dans divers pays, adopté la délivrance d'une prime en espèces avec médailles en bronze, plus de médailles en or et argent, seulement quant aux médailles en bronze elles sont de grandeur et de valeur différentes : grand module pour les premiers prix, petit module pour les seconds prix. En dehors des prix, le Jury décerne aussi des mentions honorables.

Nous croyons ce dernier système bien meilleur, parce que la différence du prix de revient des médailles or et argent sur celles en bronze peut être employée plus utilement à augmenter les primes en espèces, ou les gratifications à décerner aux gens à gages. Les lauréats possesseurs de plusieurs médailles or et argent sont parfois tentés d'en réaliser la valeur, alors que les médailles en bronze restent comme un souvenir de famille.

Un autre usage nouvellement introduit dans le pays, consiste à délivrer un diplôme. A cette heureuse innovation on devrait ajouter un ouvrage élémentaire d'agriculture comme vient de le faire la Société d'agriculture de Lyon intervenant dans un concours des Comices agricoles du département du Rhône.

Enfin, pour que tout se fasse aussi convenablement que possible il importe que le Jury d'une Exposition procède à ses opérations pendant quelques heures de la journée seulement, afin que le public soit privé, le moins longtemps possible, de visiter les produits exposés.

Il est encore d'absolue nécessité que ce Jury termine son travail assez à temps pour que le commissaire général puisse faire préparer à l'avance, sans précipitation :

1° Le rapport contenant l'attribution des primes ;

2° Les quittances des primes ;

3° Les diplômes ;

4° Enfin, les mentions honorables.

Toutes ces choses disposées, il faut qu'aussitôt la proclamation des récompenses le Commissaire général soit en mesure, séance tenante :

De payer les primes et de faire signer les quittances ;

De délivrer les diplômes, mentions honorables, conplétement remplis ;

De remettre les médailles, sauf à faire graver ultérieurement les noms des lauréats.

En possession de ces témoignages de succès, les exposants sont fiers et heureux de retrouver une famille qui partagera leur joie. Mais si tout n'est pas prêt au moment de leur départ, les médailles et les diplômes sont oubliés, et le but est manqué.

Les diplômes, gracieusement enjolivés des attributs de l'agriculture et élégamment imprimés, sont des souvenirs que les colons aiment à faire encadrer, et qu'ils conservent comme des titres de noblesse.

En résumé, si le Jury ne doit pas prodiguer les récompenses, il aurait grand tort d'en être avare ; car, dans les Expositions, il est essentiel de ne mécontenter personne et d'encourager tout le monde.

Nous avons appelé l'attention des hommes compétents sur les serviteurs à gages : qu'il nous soit permis, en terminant, de proposer d'honorer, par des diplômes spéciaux, celles des épouses ou des filles de colons qui se distinguent par leur mérite dans l'administration du ménage et de la basse-cour.

VIII

LISTE GÉNÉRALE DES SOUSCRIPTEURS

pour l'Exposition et la Fête agricoles.

A

MM. Amy, entrepreneur, Oran,	10	»
Anonyme, Oran,	5	»
Andrieux, courtier, id.	5	»
Abd-el-Kader-ould-Ezine, Bel-Abbès,	5	»
Amy, Eugène, Oran,	1	»
Auget, id.	1	»
Artance, Emile, id.	1	»
Aboudarham, Jacob, Géryville,	1	»
Augias aîné, Oran,	5	»
Alzieu, J.-Bte, id.	1	»
Augonard, Georges, Oran,	1	»
Arnould, Henri, id.	1	»
Arnould, Charles, id.	1	»
Alox, Vincent, Mangin,	5	»
Aboab, Moïse, Oran,	2	»
Aranjo (d'), Auguste, Mostaganem,	1	»
Auteserre, Martin, Oran,	1	»

MM. Abadie, Philippe,   id.   1   »
    Anjeaux, Cyprien,   id.   1   »
    Algiati, Louis,   id.   1   »
    Agueda, José,   id.   1   »
    Avarguès, Pierre,   id.   5   »
    Amoros, Joseph,   id.   5   »
    Ali-ould-El-M'tir, Saint-Denis-du-Sig,   1   »
    Argénéo,   id.   1   »
    Argena, Gaudrique,   id.   1   »
    Abriantani,   id.   2   »
    Armejon, François,   id.   1   »
    Ardiet, Prosper, Saint-Cloud,   1   »
    Adam, Jean,   5   »
    Amand, Henry, Kléber,   5   »
    Aucour, Oran,   10   »
    Agard, Numa, Relizane,   2   »
    Allègre, Eugène, Aïn-Temouchent,   1   »
    Akbnine, Abraham,   id.   1   »
    Atia, Joseph,   id.   2   »
    Atia, Chaloum,   id.   1   »
    Atouil, Eliaou,   id.   1   »
    Atia, Maklouf,   id.   1   »
    Arnoux, François-Xavier, Rio-Salado,   2   »
    Alberge, Bte, Aïn-Kial,   1   »
    Amat, Philippe, Sidi-Chami,   1   »
    Amat, Antoine,   id.   5   »
    Assorin, Michel, Seyaras,   1   »
    Aussenac, Louis, Bou-Sfer,   5   »
    Andréo, Joseph,   1   »
    Aboucassis, Jacob, Mascara,   5   »
    Alibert, Antoine,   5   »
    Arnaud, Fidèle, Assi-bou-Nif,   5   »
    Amand, Henri, Kléber,   5   »
    Andréa frères, Oran,   5   »
    Audouy, Louis, Tiaret,   3   »
    Annouil,   3   »
    Adam, Georges,   3   »
    Azaïs, Nierre, Oran,   5   »
    Albentoras, José,   5   »
    Alirob, Bel-Abbès,   1   »

MM	Amoros, Pierre, Oued-Imbert,	1	»
	Aknin, Moïse, Oran,	5	»
	Ahmed-ben-Saïd, Christel,	5	»
	Andrieu, Paul, Oran,	1	»
	Artigauha, Saint-Louis,	3	»
	Accariès,	5	»
	Abram (l'abbé), Misserghin,	10	»

B

MM.	Brousset, Sidi-Chami,		5	»
	Boyron, Oran,		25	»
	Benichou, id.		10	»
	Ben-Aouali, Garabas,		5	»
	Bruneau, Réné, Oran,		3	»
	Baylac, capitaine du génie, Oran,		3	»
	Billès,	id.	5	»
	Brosselard (Préfet),	id.	50	»
	Boë (Secrétaire général),	id.	10	»
	Brun-Lafaurestie,	id.	5	»
	Bardet,	id.	1	»
	Bugros, Eugène,	id.	2	»
	Beaumont (de) Henry,	id.	5	»
	Bezina, Carmel, Géryville,		1	»
	Brault, Edouard,	id.	2	»
	Braizat (veuve),	id.	3	»
	Bubin, José,	id.	1	»
	Ben Tata, Jacob,	id.	1	»
	Beaufort, Adolphe,	id.	1	»
	Barrabé, Oran,		5	»
	Bournac, Louis, Oran,		1	»
	Buès, Claude, Aïn-el-Turk,		5	»
	Blanchet, Oran,		5	»
	Bernauer,	id.	5	»
	Bouty, Joseph, Oran,		5	15
	Butet, Mathieu,	id.	5	»
	Ben Haïm, David, Oran,		15	»
	Baccuet, Edmond,	id.	5	»
	Blanfunay, Jean-Jacques, Damesme,		5	»
	Bamberger, Vendelin,	id.	1	»

MM. Burgos, Augusto, Oran,   25 »
Brouillard, Mangin,   5 »
Burin, Saïda,   5 »
Blanchard, Oran,   5 »
Bacquès, Emile, Lalla-Maghrnia,   2 »
Benichou Yaou, id.   2 »
Bazet, Antoine, Tafaraoui,   5 »
Bel, Augustin, Tamzourah,   5 »
Berger aîné, Oran,   5 »
Beysson, Léonce, Oran,   1 »
Bouchard, Claude, id.   6 »
Ben-Mohamed-Amou, Oran,   1 »
Boozo, Anthony, id.   10 »
Benzacar, Ange, id.   5 »
Benamor, Abram, id.   5 »
Barthélemy, Félix, id.   5 »
Benzacar, Mark, id.   1 »
Benzacar, Isaac, id.   1 »
Bernelle, Jules, Mostaganem,   5 »
Bernelle, Théodore, id.   1 »
Bruchon, Emile, Oran,   1 »
Bancaraïs, Pedro, id.   1 »
Barthélemy, Félix, Oran,   2 »
Bataille, Jean, id.   1 »
Bréjat, Francis, id.   2 »
Biget, Jean, id.   1 »
Betboy, Jean-Pierre, id.   1 »
Bageau, Emile, id.   1 »
Bentayou, Pierre, id.   2 »
Buffe, Armand, id.   1 »
Buffe, Marius, id.   1 »
Berguerand, Marius-Jules, Oran,   5 »
Bosson frères, id.   5 »
Bariat, Emile, id.   10 »
Buhr, Louis, id.   5 »
Bottallas, Ange, id.   1 »
Blancard, Siméon, id.   2 »
Boué, Sébastien, id.   5 »
Bigères, Jules, id.   2 »
Bouche, Pierre, id.   2 »

MM. Bernelle, Réné, Saint-Denis-du-Sig,   2 »
Blantini, id.   1 »
Bou-Alem-Abd-el-Kader, id.   1 »
Benoît, Louis, id.   1 »
Boucheron, Adrien, id.   1 »
Blounet, Pierre, id.   1 »
Bezenat, Durand, id.   1 »
Bachmann, Jacques, id.   1 »
Bleur (souscription partielle), Saint-Denis-du-Sig,   5 »
Ben-Mjadi, Miloud, id.   1 »
Ben-Kallel, Abd-el-Kader, id.   1 »
Ben-Attou, Abd-el-Kader, id.   1 »
Ben-Mohamed, Abdallah, id.   1 »
Boichu, Louis, Saint-Cloud,   1 »
Boussommier, Adolphe, Saint-Cloud,   1 »
Birebent, Pierre, id.   1 »
Brosse, Antoine, id.   2 »
Berthrand, Joseph, id.   1 »
Burlet, Stanislas, id.   5 »
Brulet, Joséphine, id.   1 »
Bellod, Antoine, id.   5 »
Bernard, Jean, id.   1 »
Bonnat, Pierre, id.   1 »
Bussières, Jean, id.   1 »
Bonvalet, Alexandre, Oran,   1 »
Boussat, Joseph,   3 »
Biais, Alexandre, Relizane,   2 »
Bel-Abbès-ben-Yaya,   5 »
Bleur (directeur de l'*Union*), Saint-Denis-du-Sig,   40 »
Buès, Joseph, Oran,   10 »
Bonnifay,   5 »
Blanchard, Achille, Tamzourah,   5 »
Bidorff, Georges, Bou-Tlélis,   5 »
Bonnal, Auguste,   2 »
Barban, Saint-Denis-du-Sig,   5 »
Bossens, Félix, Oran,   5 »
Barban fils, Saint-Denis-du-Sig,   5 »
Bélègue (3 frères), id.   15 »
Bonnafous, Antoine, Aïn-Temouchent,   5 »
Benichou, Jacob, id.   1 »

MM. Ben Soussan, David, Aïn-Temouchent,   1 »
Blanc, Joseph, Aïn-Kial,   5 »
Bacou,   id.   2 »
Baudy, Alphonse, Sidi-Chami,   2 »
Bourniquelle, Pierre, id.   1 »
Bouchu, Pierre,   id.   5 »
Bugat, Jean-Pierre,   id.   1 »
Birgler, Joseph, Sidi-Marouf,   1 »
Bilhard-Feurier, l'Étoile,   5 »
Brault, Léonard, Saint-Cloud,   1 »
Ben-Atia, Mohamed, Seyaras,   1 »
Bueble, Ferdinand,   id.   1 »
Burlet, Jules, Bou-Sfer,   1 »
Burlet, Antoine, id.   5 »
Botella, Anton-Joseph, Bou-Sfer,   5 »
Ben-Amar, Mohamed,   id.   5 »
Ben-Zemra, Elias,   id.   2 »
Ben-Zemra, Bel-Abbès,   id.   5 »
Ben-El-Hadj-Hassen, Mohamed, Oran,   20 »
Ben-Mohamed, Hamida,   id.   5 »
Ben-Mohamed, Mustapha,   id.   5 »
Ben-El-Moufok, Mohamed-bou-Zian, Oran,   5 »
Ben-Boukhari, El-Habib,   id.   5 »
Ben-Hamida, El-Mahi,   id.   5 »
Barthe,   id.   5 »
Billuart, Hubert, Mascara,   5 »
Bécat, Pourçain,   id.   2 »
Basso, Pierre,   id.   1 »
Ben-Dahman, Mohamed, Mascara,   1 »
Bouchon, Eugène, Fleurus,   5 »
Bounet, Aïn-Tédelès,   50
Boutié,   id.   50
Boggio, Ernest, Tiaret,   3 »
Ben-Yaya, Mohamed, Tiaret,   3 »
Benazech, Jules,   id.   3 »
Boulet, Joseph, Bel-Abbès,   20 »
Bontemps,   id.   5 »
Bastide, Jérôme, id.   5 »
Boy,   id.   1 »
Bonnafous, Gabriel, Bel-Abbès,   1 »

MM. Bretaudeau, Alphonse, Bel-Abbès,	2 »
Brun, André, id.	5 »
Boulet, Romain, les Trembles,	5 »
Bretaudeau, Charles, Oran,	5 »
Ben-Tata, Isaac, id.	10 »
Benichou, Moïse, id.	3 »
Bidache, id.	5 »
Bastoul, Michel, Kléber,	1 »
Ballin, Maurice, id.	1 »
Ballin, Ernest, id.	1 »
Banlier, Pierre, id.	1 »
Bernerat, Ferdin., id.	1 »
Bordenave, Rémy, Oran,	10 »
Bardoux, id.	5 »
Bartibas, id.	5 »
Barrault, id.	1 »
Briant, id.	10 »
Berger, Oran,	5 »
Bilger, Saint-Louis,	5 »
Bergy, Ben-Ferréah,	2 »
Bessières, Perrégaux,	5 »
Benichou fils, Oran,	5 »
Bollard, Jules, Mostaganem,	10 »
Bruyas, id.	10 »
Bel-Kacem-ben-Krithi,	5 »
Bourre, Christophe, Oran,	5 »
Bollon, Arcole,	5 »
Baudouin, Oran,	5 »
Braud, Saint-Louis,	2 »

C

MM. Choupot, Auguste, Oran,	20 »
Coddet, id.	5 »
Carité, id.	10 »
Calmels, id.	50 »
Mᵐᵉ Carnanville (de), id.	20 »
MM. Charpentier, Franç., id.	5 »
Combes, id.	5 »
Corras, id.	5 »

MM. Chapelain (de), Oran,	1 »
Chaussade, Jules, id.	1 »
Colson, id.	5 »
Cabessa, id.	5 »
Coti, id.	5 »
Mme Crozé, Louise, Géryville,	3 »
MM. Cohen, Abraham, id.	1 »
Cheylus, Félix, Oran,	5 »
Cosse, Jean, id.	5 »
Cot, Pierre, id.	10 »
Claustre, id.	1 »
Corvisart, François-Louis, Damesme,	1 »
Castro, Manuel, Oran,	10 »
Chauvin, Marius, Mers-el-Kebir,	5 »
Claverie, Alexandre, Valmy,	2 »
Chevrol, Mangin,	1 »
Colomb (de), Mascara,	10 »
Crousse, Prosper, Tamzourah,	5 »
Carrière, Pierre, Tafaraoui,	5 »
Cachard (de), Régis, Oran,	10 »
Coppin, Edme-Louis, id.	1 »
Cammartin, Élie-Jean, Oran,	5 »
Cohen, Isaac, id.	5 »
Cacciuttollo, Dominiq., id.	5 »
Cornillac, id.	1 »
Cornu, Eugène, Mostaganem,	1 »
Comte, Louis (fils), Oran,	1 »
Chanrond, Ferdinand, Misserghin,	5 »
Combi, François, Oran,	1 »
Castaing, Jean-Pierre,	1 »
Caignoux, Symphorien,	1 »
Cayla, Maurice, Oran,	1 »
Cremadez, Maria (Mme), Oran,	1 »
Castagnier, Louis, id.	1 »
Courtinat, Célestin, id.	10 »
Chaffanel, Léon, id.	5 »
Calvayrac, Joseph, id.	5 »
Chartroux, Félix, id.	5 »
Coudon, Modeste, id.	5 »
Casciaro, J.-B^{te}, id.	5 »

MM. Canepa, Sebastiano,   id.   5   »
Carcagno, J.-B^te,   id.   5   »
Chadebec,   id.   5   »
Chavassieux, Jacques,   id.   3   »
Cousinard, Louis-Jules, Saint-Denis-du-Sig,   2   »
Chanel, Edmond,   id.   1   »
Chanut,   id.   2   »
Mme Couturier, Louise,   id.   1   »
MM. Candella, Vicente,   id.   1   »
Canicio, Francisco,   id.   1   »
Chicart, Pierre, Saint-Cloud,   1   »
Castandet, Raymond, id.   2   »
Campillo, François,   id.   1   »
Choquet, Louis,   id.   5   »
Caron, Alphonse,   id.   1   »
Crance, Jean,   id.   1   »
Cordier, Jacques-François, Relizane,   20 »
Carriol, Antoine,   5   »
Combret, Julien, Tlélat,   1   »
Costérisan, Oran,   5   »
Cabanel, Jean, Tlemcen,   5   »
Couderc, Pierre,   1   »
Cabaud, Pierre-Alexandre,   1   »
Chouraqui, Moïse,   1   »
Castillon, Denis,   1   »
Carrière, François, Oran,   5   »
Castel, Isidore,   id.   2   »
Calvet, Auguste, Aïn-Temouchent.   1   »
Cadet, Victor,   id.   5   »
Charaqui, Sadia,   id.   1   »
Chapoutot, François, Sidi-Chami,   5   »
Chapoutot, Jean,   id.   1   »
Castex, Pierre,   id.   2   »
Chevillard, François,   id.   5   »
Calvet, Pierre, Sidi-Marouf,   5   »
Castan, Thomas, Seyaras,   1   »
Corre, Léonard-Joseph, Oran,   40 »
Camusat, Michel, Mascara,   5   »
Carrafang, Jean,   id.   5   »
Cuny, Jean,   id.   5   »

MM. Carbassé , Jean ,   Mascara, 1 »
 Cuq, Paul, id. 3 »
 Coulon, Denis, id. 2 »
 Cherf-ben-Dami, id. 1 »
 Chambre, Pierre, Assi-bou-Nif, 5 »
 Chevrol, Jean, id. 5 »
 Courbet, Jules, Tiaret, 3 »
 Cailhol, Alexandre, Tiaret, 1 »
 Canicio, Antonio, Oran, 5 »
 Calvo, Ramon, id. 5 »
 Cerd, José, id. 5 »
 Cousin, Antoine, Bel-Abbès, 1 »
 Callet, Félix, Lauriers-Roses, 1 »
 Cazorla, Diégo, id. 1 »
 Coriat, Samuel, Oran, 10 »
 Coriat, Jacob, id. 5 »
 Chebaby, Darmon, Oran, 5 »
 Chiche, Judas, id. 5 »
 Chabbat, Mardochée, Oran, 20 »
 Carrion, Salvador, Arcole, 5 »
 Cotin, Michel, Oran, 5 »
 Casse, id. 1 »
 Carmaniolle, id. 10 »
 Chollet, id. 5 »
 Coulon, id. 5 »
 Courvoisier, Saint-Louis, 3 »
 Carpentier, Oran, 5 »
 Chabbat, Ichoua, 20 »

D

MM. Domecq, Jean-Pierre, Oran, 20 »
 Daudé, Achille, id. 10 »
 Delmonte, id. 20 »
 Delezenne, id. 10 »
 David, id. 25 »
 Du Pré de Saint-Maur, Arbal, 100 »
 Déaddé, Oran, 10 »
 Dandrade, Oran, 1 »
 Dumont, Alexandre, Oran, 1 »

MM. Donnève, Achille, Oran, 1 »
Donnève, Edmond, id. 1 »
Dentié, Jean, id. 5 »
Delval, Charles, id. 2 »
Delpy, id. 1 »
Daumas, id. 5 »
Dubouch, Baptistin, id. 5 »
Delage, Firmin, Géryville, 1 »
Dupont, Edouard, Oran, 1 »
Durand, Charles, id. 5 »
Duffès, Gaston, id. 5 »
Dahlen, Antoine, Damesme, 1 »
Diss, Michel, Mers-el-Kebir, 5 »
Darmon, Mardochée, Valmy, 8 »
Daber, Saïda, 3 »
Dufau, Augustin, Tamzourah, 5 »
Ducom, Emile, Oran, 5 »
Daumas, J.-Bte, id. 5 »
Darru, id. 1 »
Delhorme, Léon, Mangin, 5 »
Delhorme, Paul, id. 5 »
Demigneux, Etienne, Oran, 6 »
Dentié, Théophile, id. 1 »
Derriey, Joseph, id. 1 »
Dalbiès, Jacques, id. 1 »
Dagnon, Fernando, id. 1 »
Dolambi, Louis, id. 2 »
Doucet aîné, id. 5 »
Dastarac, Hippolyte, id. 1 »
Dolambi, François, id. 1 »
Desmaret, Saint-Denis-du-Sig, 1 »
Delacourt, Alfred, id. 1 »
Denotis, J.-Bte, id. 1 »
Deloupy, André, id. 5 »
Dennery, Bernard, id. 1 »
David, Isaac, id. 1 »
Darmon, Mimoun, Saint-Cloud, 1 »
Delisle, Henri, id. 2 »
Dupuis, Xavier, id. 1 »
Dupont, J.-Bte, id. 1 »

MM. Deprez, Nicolas, Saint-Cloud,	1	»
Duprat, Jean, id.	2	»
Delpuech, Jean, id.	1	»
Douvry, François, id.	1	»
David, Pierre, Kléber,	1	»
Donnadieu, Philippe, Oran,	3	»
Demarcy, Arsène, Tlemcen,	1	»
Darnospil, Etienne, id.	2	»
Desaître, Louis, id.	2	»
Derrier, Xavier, Bou-Sfer,	5	»
Daudé fils, Oran,	5	»
Ducros, Louis, Aïn-Temouchent,	10	»
Daniel, Ferdin., id.	2	»
Delage, Eugène, Seyaras,	5	»
Dijon, Jean, Bou-Sfer,	5	»
Dürr, Constant, Mascara,	25	»
Defert, J.-Marie, id.	1	»
Duffour, Hippolyte, id.	3	»
Debois, Assi-bou-Nif,	2	»
David, Pierre, Kléber,	1	»
Delrieu, Casimir, Tiaret,	2	»
Debeau, Paul, id.	2	»
Diaz, Joseph, Oran,	5	»
Decrion, Julien, Bel-Abbès,	5	»
Deville, Emile, les Trembles,	2	»
Delhom, Oran,	5	»
Demouchy, J.-B^{te}, Kléber,	5	»
Delgado, Manuel, Méfessour,	5	»
Donzé, Irénée, Arcole,	3	»
Donzé, Sophie (Mlle), Arcole,	3	»
Delhaon, Pierre, Oran,	5	»
Donde,	5	»
Daudrieu,	20	»
Decugis,	5	»
Delaruelle,	3	»
Desjardins,	5	»
Daire, Ben-Okba,	5	»
Dijou fils, Bou-Sfer,	5	»
Delauzun, Oran,	5	»
Daumas, Marius,	5	»

MM. Dubreuil, Adolphe, Mostaganem,   10 »
Daniel, Louis, Oran,   1 »

E

MM. Espinasse jeune, Oran,   2 »
Evrard,   id.   5 »
Epoudry, Valéry, id.   1 «
Espinasse, Louis, id.   5 »
Ecre, Jean,   id.   5 »
Eynard, Régis,   id.   1 »
Emerat, Paul,   id.   5 »
El-Hadj-Ali-ben-Kada, Saint-Denis-du-Sig,   1 »
Etienne,   id.   1 »
Euilly (d'), Benjamin,   id.   5 »
Evesque, Félix, Relizane,   5 »
Ehmann, Bernard, Sainte-Léonie,   5 »
Eberhart, Pierre, Sidi-Chami,   1 »
Esclopès, Joseph, Fleurus,   5 »
Escoffier, Jules, Tiaret,   5 »
Estèbe, Mathieu,   2 »
Eliaou Djian, Oran,   2 »
Elsen, Etienne, Sainte-Léonie,   1 »
Erra, Thomas, Assi-bou-Nif,   5 »

F

MM. Flamand, André, Oran,   5 »
Franques, Arbal,   5 »
Fiévet, Oran,   5 »
Fabre, Paul, Arcole,   5 »
Fayet, Relizane,   5 »
Ferron-Lagrife, Oran,   10 »
Fouque, Joseph, id.   5 »
Fery, Antoine, Bel-Abbès,   3 »
Fischer, Oran,   5 »
Faurie, Louis, Oran,   5 »
Fabre, Franç., id.   5 »
Fillol, Aïn-Tédelès,   1 »
Fabreguette (curé), Bou-Sfer,   2 »

MM. Fonteneau (docteur-médecin), Oran, 5 »
Faure, id. 5 »
Fourcade, id. 5 »
Franques, Etienne, id. 5 »
Frichet, Auguste, id. 1 »
Figarol, Jacques, Valmy, 10 »
Flinois, Charlemagne, Saïda, 1 »
Fiorentini, Jean-Baptiste, Oran, 1 »
Français, Henri, id. 1 »
Fomrom, Achille, id. 1 »
Firpo, Nicolas, id. 1 »
Faurie, Louis, id. »
Fabre, Emmanuel, id. 1 »
Faugère, Auguste, id. 1 »
Fénou, Jacques, id. 5 »
Ferriey, Jean, id. 1 »
Freixe, Benjamin, id. 1 »
Fernandez, Ramon, Saint-Denis-du-Sig, 1 »
Féraud, Maurice, Saint-Cloud, 5 »
Fabre, Dominique, id. 1 »
Fromy (curé), Bou-Tlélis, 5 »
Fleury, Alcide, Hennaya, 5 »
Fontaine, Antoine, Aïn-Kial, 1 »
Fages, François, id. 1 »
Fullhart, Auguste, Sidi-Chami, 5 »
Favier, André, id. 1 »
Foch, François, id. 5 »
Fischer, Adam, Sidi-Marouf, 5 »
Fullhart, Charles, Sidi-Chami, 5 »
Facio, Charles, Oran, 5 »
Faivre, 5 »
Fourcade, 5 »
Fortuno, 5 »
Fresse, 8 »
Faure, Assi-Ameur, 5 »
Flutet, Benoît, Tiaret, 5 »

G

Gaillard, Pierre, Oran,	5	»
Gaussens, id.	20	»
Granet, id.	5	»
Grégoire, Henri, id.	1	»
Guiraud, id.	1	»
George, id.	3	»
Garnier, id.	2	»
Gouénant, Pierre, id.	1	»
Guitard, id.	10	»
Galvache, Gaëtano, Géryville,	1	»
Guillaume, Jean,	2	»
Getten, Félix, Mers-el-Kebir,	5	»
Gaumes, Léon, Oran,	5	»
Gros, Constant, Damesme,	5	»
Gaudin, Pierre, Saïda,	1	»
Gabel, Jacques, Mangin,	5	»
Gazaniol, Louis, Oran,	5	»
Gonzalès, John,	1	»
Gasselin, Charles-Alexandre, Mostaganem,	1	»
Gomis, Manuel, Oran,	1	»
Giraud, Gabriel, id.	2	»
Galibert, Auguste, Oran,	5	»
Grangier, Xavier, id.	1	»
Guiraud, Jean, id.	5	»
Garcia, José, id.	1	»
Gambarino, Jean, id.	1	»
Gradvohl, Eugène, id.	10	»
Gorge, Alexandre, id.	5	»
Garcia, Antoine, id.	1	»
Gazel, Edouard, id.	5	»
Gnier, id.	1	»
Goldstein, Nathan, id.	2	»
Gardelle, Ferdinand, Saint-Denis-du-Sig,	1	»
Grivel, id.	2	»
Gillot, François, Saint-Cloud,	5	»
Ginistry, Pierre, id.	1	»
Guay, François, id.	1	»
Guerrin, Louis, id.	1	»

MM. Grandeury, Eugène, Saint-Cloud,	2	»
Gaulier, Charles, id.	1	»
Graby, François, id.	5	»
Gonet, Victor, Relizane,	5	»
Gérard, Jules, id.	10	»
Goudeau, Jean, Tlélat,	5	»
Giraud, Jules, Oran,	20	»
Grégoire, Arzew,	2	»
Grégoire, J.-B^{te}, Oran,	10	»
Grandjean, Louis, Bou-Tlélis,	5	»
Grostefan, Michel, id.	1	»
Gourreau, Céleste, Tlemcen,	1	»
Girard, Léon, id.	5	»
Grivel, Saint-Denis-du-Sig,	5	»
Guyonnet, Sidi-Chami,	5	»
Gaucher, Louis, Ain-Temouchent,	5	»
Garbe, id.	2	»
Gouin, André, id.	5	»
Guenoun, Jacob, id.	1	»
Gras, Marius, Sidi-Chami,	5	»
Gonzalès, André, Saint-Rémy,	2	»
Gaillard, Joseph, id.	1	»
Girard, Simon, id.	5	»
Gomez, Salvador, id.	2	»
Gruber, Georges, Saint-Georges,	1	»
Gomez, Antonio, Bou-Sfer,	5	»
Guiffrey, Hippol., id.	5	»
Gomis, Joachim, id.	5	»
Giraud, Alphonse, Oran,	10	»
Gabaig, Louis, Mascara,	5	»
Grenier, Jean, Fleurus,	5	»
Guyonnet, Jean-Marie, Assi-bou-Nif,	5	»
Giuliani, Achille, Oran,	10	»
Galibert, Aristide, Tiaret,	2	»
Girbaud, François, id.	3	»
Guiniot, Gaston, Oran,	5	»
Galbaï, Salomon, id.	2	»
Georgel, id.	3	»
Georges, id.	5	»
Gravelle, Ben-Okhba,	5	»

MM. Gros, Oran,   10 »
Genthial, Saint-Louis, 2 »
Girardot, 5 »
Gonzalez, Emmanuel, Oran, 5 »
Garau, Charles, Mostaganem, 10 »
Getten, Oran, 5 »

H

MM. Hœhn, Oran, 5 »
Huchard, id. 5 »
Hummel, Louis-Joseph, Oran, 1 »
Hugonnet, Ferdin.-Victor, id. 5 »
Héritier, Pierre,   id. 1 »
Hurtu, Edouard,   id. 1 »
Hummel,   id. 5 »
Husson,   id. 10 »
Herpe, Félix, Mers-el-Kebir, 5 »
Honnart, Henri, Valmy, 7 »
Huchard, Jules, Oran, 1 »
Hassan, Abram, id. 5 »
Heintz, Joseph, id. 1 »
Hugues, Victor, id. 2 »
Huet du Rotois, Jules, Oran, 5 »
Hubidos, Jean,   id. 5 »
Hervain, Saint-Denis-du-Sig, 1 »
Hamed-ould-Biah,   id. 1 »
Hugon, Camille,   id. 1 »
Huertas, Joseph, Saint-Cloud, 1 »
Huet, Henri, Relizane, 5 »
Hostains, Louis, Tlemcen, 2 »
Hospitalier, Edouard, Oran, 5 »
Hoërner, Jean, Saint-Georges, 1 »
Helle, Nicolas, Mascara, 1 »
Hoster,   id. 2 »
Hoctor, François, Assi-Ameur, 5 »
Hennequin, Louis, Assi-bou-Nif, 1 »
Hugues, Auguste, Bel-Abbès, 5 »
Héritier, Claude,   id. 1 »
Hérelle, Oran, 5 »

MM. Henry,   5 »
     Hildevert, Adolphe, Kléber,   1 »

I

MM. Inaud, Jean, Mangin,   5 »
     Imbert, Honoré, Oran,   1 »
     I'smerly, Mustapha, Saint-Cloud,   1 »
     Isler,   id.
     Irénée, Bou-Tlélis,   10 »
     Izambard, Pierre, Tiaret.   2 »

J

MM. Jacomin, Michel, Oran,   6 »
     Janer, Jacques,   id.   15 »
     Jaubert, Louis,   id.   5 »
     Joufroie, Bel-Abbès,   1 »
     Jérome, Oran,   5 »
     Jonca, Jacques, Tiaret,   2 »
     Julien, Alfred, Oran,   1 »
     Joseph, Martin, Géryville,   1 »
     Judas,   1 »
     Jaquet, Antoine, Oran,   5 »
     Jozeau, Alexandre,   5 »
     Julia, Louis, Misserghin,   5 »
     Jacques, Jean, Oran,   5 »
     Jarsaillon-Froget, François, Oran,   5 »
     Joseph,   id.   2 »
     Jourdan (Mme veuve), Saint-Denis-du-Sig,   3 »
     Jalade, Charles, Saint-Cloud,   1 »
     Jacquot, Joseph,   id.   1 »
     Jacquot, François,   id.   1 »
     Jalteau, Louis, Tlemcen,   10 »
     Jacques (avocat), Oran,   10 »
     Jaïme, Miguel, Aïn-Temouchent,   5 »
     Joyot, Antoine, Bou-Sfer,   1 »
     Jeanningros, Joseph, Tiaret,   5 »
     Jamelin, Victor,   id.   5 »
     Jaupois,   id.   5 »

MM. Jaudoin, François, Tiaret,   2 »
Jeansaud père, Relizane,   5 »

K

MM, Kouder, Jean, Géryville,   2 »
Kammerer, Saïda,   2 »
Kanouï, Simon, Oran,   5 »
Krousse, François, Mangin,   1 »
Kada-ben-Abdallah, Saint-Denis-du-Sig,   1 »
Kaindler, Adolphe,   id.   1 »
Krema, Nicolas, Oran,   5 »
Klary,   id.   5 »
Karoubi, Messaoud, Oran,   20 »
Kuhlmann, Sigurd,   id.   5 »
Kanouï, Salomon,   id.   5 »

L

MM. Lescure, Oran,   10 »
Lelarge, l'Habra,   20 »
Liberon, Adolphe, Oran,   5 »
Longevialle, Jules,   id.   5 »
Lacosta, Antoine,   id.   2 »
Laurès,   id.   1 »
Leruste, Lucien,   id.   5 »
Luys, Henry,   id.   10 »
Longhy, Pierre, Aïn-el-Turc,   1 »
Lacoste, Jean-Pierre, Oran,   5 »
Levy, Louis,   id.   20 »
Lapierre père,   id.   5 »
Lapierre fils,   id.   5 »
Lemoine (Mme veuve), Damesme,   1 »
Lafumat, Pierre, Valmy,   1 »
Lararbre, Louis,   id.   2 »
Libérati, Mascara,   3 »
Lamur, Auguste, Oran,   5 »
Leroy, Lalla-Maghrnia,   2 »
Lemaire, Elie, id.   1 »
Labio, Bernard, Mangin.   5 »

MM. Lasry, Elie, Oran,   20 »
     Lerebourg, Pierre, Oran,   1 »
     Lecuyez, Jean-Alexandre, Oran,   1 »
     Lacrabère, Jean,   id.   1 »
     Loubier, Jean,   id.   3 »
     Laffite, Antonin,   id.   5 »
     Ligonier (de), Paul,   id.   5 »
     Lomellini, Dominique,   id.   5 »
     Lozes ainé,   id.   5 »
     Lopéo,   id.   1 »
     Lagravette, Jean,   id.   1 »
     Landelle, Julien,   id.   5 »
     Loriot père et fils,   id.   2 »
     Liébart, Marcellin,   id.   1 »
     Leroy, Alexandre-Benjamin, Saint-Denis-du-Sig.   1 »
     Lalla, Raymond,   id.   1 »
     Laurent,   id.   1 »
     Laurent, Isidore, Saint-Cloud,   2 »
     Ladruze, Hipolyte,   id.   5 »
     Lallemant, Nicolas,   id.   1 »
     Luisin, Désiré,   id.   1 »
     Lamoise, Alphonse,   id.   1 »
     Laurent, Pierre,   id.   5 »
     Lacombe, Louis, Kléber,   2 »
     Lescure (Mlle), Relizane,   2 »
     Lafon, Pierre-Joseph, Tiélat,   1 »
     Lichtenstein, Paul, Tlemcen.   5 »
     Lenoir, Arthur, Négrier,   5 »
     Lapique, Joseph, Maghrnia,   1 »
     Lloïd, Londres,   25 »
     Lamur, Lucien, Saint-Denis-du-Sig,   5 »
     Lescure fils, Oran,   5 »
     Lartigue, Henri,   5 »
     Laurent, Augustin, Sidi-Chami,   1 »
     Lanque, Antoine,   id.   1 »
     Lanque, Louis,   id.   1 »
     Laurent, Nicolas, Bou-Sfer,   5 »
     Lesueur, Alexandre, Fleurus,   5 »
     Legentil, Cyrille, Assi-bou-Nif,   5 »
     Lacombe, Louis, Kléber,   2 »

MM. Lagier, Aïn-Tédelès,   1 »
    Laurent, Antoine, Aïn-Tédelès,   50
    Leroux, Alfred, Oran,   10 »
    Lautier, Bennoin, Tiaret,   5 »
    Lavenas,   id.   2 »
    Ledard,   id.   2 »
    Lepley, Paul,   id.   5 »
    Lacaze, Jean-Marie, Oran,   4 »
    Lourgaton, Firmin, id.   5 »
    Lacretelle, Louis, Sidi-bel-Abbès,   1 »
    Lorens, Vicente, les Trembles,   2 »
    Laquèvre, Maximilien, id.   5 »
    Laleure, Pierre, Sainte-Léonie,   1 »
    Lachambre, Nicolas, Oran,   1 »
    Lanerdin, Réné,   id.   1 »
    Lozes,Paul,   id.   10 »
    Lecomte, Emile,   id.   5 »
    Laurens, Jean-Pierre, id.   5 »
    Loisaut,   id.   5 »
    Lustrou,   id.   5 »
    Liepmann,   id.   1 »
    Lemoine,   id.   5 »
    Laune,   id.   5 »
    Lelarge,   id.   20 »
    Leblanc, Jules, Assi-Ameur,   5 »
    Lalou, Saint-Louis,   5 »
    Laroche, id.   2 »
    Lacolle, Relizane,   5 »
    Lassallette, Oran,   5 »
    Lamy (capitaine en retraite), Oran,   5 »
    Lespinats (id. d'artillerie), id.   5 »
    Leclerc, Charles,   id.   5 »
    Latil, Paul, Mascara,   1 »

M

MM. Montader, Oran,   10 »
    Mohamed-ben-Daoud, Frenda,   10 »
    Mauduit fils, Oran,   5 »
    Mangin,   id.   10 »

MM. Maurel, François, Oran,   1   »
    Monin,   id.   5   »
    Mauduit père,   id.   5   »
    Monmarson,   id.   5   »
    Maurel, Jules,   id.   1   »
    Mondielli, Franç.,   id.   1   »
    Monbrun, César,   id.   5   »
    Marion, Jules, Géryville,   1   »
    Moïse Sotte,   id.   2   »
    Montfort,   id.   1   »
    Martinez, Joseph, id.   1   »
    Mohamed-ben-Hiot, Géryville,   1   »
    Martineau-Deschenez (général), Mascara,   10   »
    Masurel, Victor, Aïn-el-Turk,   10   »
    Mermod, Oran,   5   »
    Merceron. Antoine, Oran,   10   »
    Maître, Alexandre,   id.   5   »
    Mœvus, Joseph,   id.   1 50
    Montels, Pierre,   id.   6   »
    Mathieu, Mascara,   2   »
    Marché (du), id.   6   »
    Menjon, Raymond, Tamzourah,   5   »
    Martin, Charles, Oran,   1   »
    Manégat, Michel, id.   5   »
    Marchand,   id.   2   »
    Magnios, Michel, id.   1   »
    Meynet, François, id.   2   »
    Mauget, Amédée, id.   1   »
    Madon, Joseph-Ernest, Oran,   5   »
    Margéridon, Jules,   id.   5   »
    Malé, Baptiste,   id.   5   »
    Mohamed-ben-Hamou, Saint-Denis-du-Sig,   1   »
    Mas, Antonio,   id.   1   »
    Muños,   id.   1   »
    Martin, Alexis, Saint-Cloud,   1   »
    Martin, Jules,   id.   1   »
    Magne, Ferdinand, id.   1   »
    Meisterhams, Jean, id.   1   »
    Maire (Mᵐᵉ veuve), id.   1   »
    Marquet, Charles, id.   1   »

MM. Magne, Auguste, Oran.	3	»
Mohamed-ben-Daoud, Oran,	20	»
Mgr l'Evêque Callot, id.	30	»
Marchand (vic.-génér.), id.	10	»
Massot, Jean-Baptiste, Tlemcen,	2	»
Mourot, Lazare, id.	5	»
Marty, Joseph, Manzourah,	1	»
Médioni, Oran,	10	»
Masquelier fils et Cⁱᵉ, Saint-Denis-du-Sig,	20	»
Morgera, Andalouses,	10	»
Monin, ingénieur, Oran,	10	»
Magnier, Sidi-Chami,	6	»
Monier, Eugène, Aïn-Temouchent,	2	»
Mayer, Nathan, id.	1	»
Mas, Jean, Sidi-Chami,	1	»
Martre, Honoré, Sidi-Marouf,	1	50
Mégy, Symphorien, Seyaras,	1	»
Mira, Joseph,	1	»
Magrès, Jacques, Saint-Georges,	2	»
Meuriot, Oran,	20	»
Matteï, André, Mascara,	5	»
Meyrueis, Auguste, Assi-ben-Okba,	5	»
Martin, Joseph, Fleurus,	5	»
Marchal, Constant, Assi-bou-Nif,	1	»
Marcelot, Michel, id.	5	»
Martin, Aïn-Tédelès,	2	»
Marion, Gustave, Tiaret,	3	»
Monnier,	3	»
Mino frères,	5	»
Marguès, Augustin, Oran,	5	»
Mauran, id.	5	»
Muños, José, id.	5	»
Merlo, Joseph, Bel-Abbès,	5	»
Mozin, id.	1	»
Monge, Hyacinthe,	1	»
Mougeot, Hyacinthe, Bel-Abbès,	1	»
Martin, Claude,	5	»
Mouchenino, Isaac,	2	»
Mora, Oran,	5	»
Marquet, François, Kléber,	1	»

MM. Maurice, Victor, Kléber, — 1 »
Molvain, id. — 1 »
Monteil, Jean, Saint-Cloud, — 1 »
Manigault, Gervais, — 1 »
Mellado, Joseph, Arcole, — 5 »
Martin, Auguste, Oran, — 5 »
Martin, François, Arcole, — 1 »
Martin, Michel, id. — 1 »
Martin, Franç. fils, id. — 1 »
Martin, Joseph, id. — 1 »
Martin, Joachim, id. — 1 »
Maury-Pléville, Léon, Oran, — 10 »
Martel, Eugène, id. — 5 »
Mathieu, Floriens, id. — 5 »
Mauhourat, id. — 3 »
Mérot, id. — 5 »
Marbœuf, id. — 5 »
Martineau, id. — 5 »
Moissenet, id. — 5 »
Mantoz, id. — 5 »
Masson, Saint-Louis, — 5 »
Montarde, Oran, — 6 »
Madrange, id. — 5 »
Marie, — 5 »
Mensberger, Perregaux, — 5 »

N

Nicole, Gustave, Oran, — 2 »
Nicolaï, id. — 5 »
Nas, Mers-el-Kebir, — 1 »
Nicod, Emile, Oran, — 5 »
Naudot, Eugène, Saint-Denis-du-Sig, — 1 »
Nicolas, id. — 1 »
Nougaret, Vincent, Sénia, — 1 »
Navarro, François, Aïn-Temouchent, — 2 »
Nahon, Menahim, id. — 2 »
Notramy, Victor, Bou-Sfer, — 5 »
Naoux, Eliaou, Tiaret, — 3 »
Nahoum, Joseph, id. — 2 »

MM. Navarro, Antoine, Oran,	5	»
Nahin, Bédoc, Bel-Abbès,	2	»
Nolweell, Sidi-Lhassen,	6	»
Nougaret, Vincent, Oran,	1	»
Noguier, Louis, Relizane,	5	»

O

MM. OEuf, Oran,	2	50
Orsini, id.	5	»
OEuf, Hippolyte, Tafaraoui,	5	»
Olanbel, Valmy,	5	»
Ostermann, Georges, Oran,	1	»
Obitz, Georges, id.	5	»
OEuf, Louis, id.	5	»
Olivier, Henri, Saint-Denis-du-Sig,	5	»
Orliac, Dominique,	1	»
Oliveau, Alfred, Oran,	1	»
Oriéro, André, Aïn-Temouchent,	1	»
Ory, François, Sidi-Chami,	1	»
Oudier, Antoine, Mascara,	5	»
Ouvré, Jacques, Tiaret,	3	»
Oliva, Joseph, Bel-Abbès,	1	»
Olivier, Ben-Féréah,	2	»
Offermann, Hermann, Alger,	5	»
Onazana, Moïse, Mascara,	5	»

P

MM. Peltier, Auguste, Oran,	5	»
Péraldi, id.	20	»
Poinsignon, Philippe, Oran,	5	»
Pisier, id.	5	»
Pascal, id.	5	»
Pignel, id.	6	»
Peyrot, id.	5	»
Péchmarty, id.	1	»
Péchoux, Célestin, id.	2	»
Pigeon, Charles, Géryville,	1	»
Pottier, Paul, id.	1	»

MM. Pliviés, Jean, Aïn-el-Turk,   5 »
Pérez, José, id.   1 »
Perrin, Charles, id.   5 »
Pichard, Prosper, Oran,   1 25
Pàris, Gustave, id.   5 »
Pujade, id.   5 »
Pinard, Joseph, Mers-el-Kebir,   5 »
Pétrovich,   5 »
Palous, Sébastien, Valmy,   5 »
Peyrard, Jacques, Oran,   1 »
Psnoun, Peter, id.   5 »
Pariente, Abram, id.   2 »
Plair, Pierre, id.   5 »
Pimienta, Messod, id.   5 »
Paquet, Ignace, id.   1 »
Palmo, François, id.   1 »
Parrès, Esteban, id.   1 »
Parrès, Juan, id.   1 »
Poudou, Louis, id.   5 »
Perrin, Ferdinand, id.   5 »
Pastorino, Gaëtan, id.   5 »
Podesta, Antoine, id.   5 »
Puech, Jacques, id.   1 »
Pougnaire, Bernardin, Oran,   1 »
Pajot, Saint-Denis-du-Sig,   1 »
Parès, Raymond, id.   1 »
Puch, Francisco, id.   1 »
Planeillès, Morena, id.   1 »
Puch, Joseph, id.   1 »
Pérez, id.   1 »
Pertoux, Mostaganem,   6 »
Plait, Paul, Saint-Denis-du-Sig,   1 »
Perrard, Félix, Saint-Cloud,   5 »
Pottier, Louis, id.   1 50
Pelissier, Frédéric, id.   5 »
Péchot (général), Tlemcen,   20 »
Petit, Jules, Oran,   5 »
Pan-Lacroix, Emile, Oran,   5 »
Pfeiffer, Léon, Tlemcen,   1 »
Pigasson, Prosper, Aïn-Temouchent,   1 »

MM. Ponthingon, Alexandre, Rio-Salado,   1   »
    Petit, Emiland, Sidi-Chami,   5   »
    Pérez, Joseph,   id.   5   »
    Pradel, Jacques, Sidi-Marouf,   1   »
    Paya, Joachim, Bou-Sfer,   5   »
    Pérol, Henri, Mascara,   5   »
    Perez, Antoine,   id.   20 »
    Pacon, Victor fils, Assi-bou-Nif.   5   »
    Parras, José, Oran,   5   »
    Péger, Pierre, id.   5   »
    Pascaud,   id.   5   »
    Poisson, Ferdinand. Bel-Abbès,   5   »
    Pers, Eugène,   id.   5   »
    Pirot frères,   id.   2   »
    Perry, Eugène,   id.   5   »
    Peyroutet, Rémy,   id.   2   »
    Puymège, Ambroise, Oran,   5   »
    Perruy, Isaac,   id.   5   »
    Perruy, Menhaem,   id.   5   »
    Poux,   id.   5   »
    Pâris, Edouard,   id.   5   »
    Pascal, Marc,   id.   5   »
    Pasteur, Emile,   id.   6   »
    Perrier, Adolphe,   id.   10 »
    Poncet,   id.   5   »
    Poujoulat,   id.   5   »
    Poirier,   id.   10 »
    Polak,   id.   5   »
    Pailla, Fleurus,   5   »
    Placide, Saint-Louis,   5   »
    Petit-Demange, id.   3   »
    Phalippon,   2   »
    Pétremant.   1   »
    Panier, Relizane,   5   »

Q

MM. Quemener, Joseph, Oran,   5   »

R

MM. Renson (général), Oran,	20	»
Roggero, id.	5	»
Roux, Daniel-Alexandre, Oran,	1	»
Reboul, Joseph, id.	1	»
Reinaud, Jean-Joseph, id.	1	»
Roumens, id.	10	»
Rocchisani, id.	5	»
Renucci, id.	5	»
Renault, Auguste, id.	5	»
Roy, Pierre, Géryville,	1	»
Rousseau, Oran,	5	»
Rassuet, Léonard, Oran,	1	»
Rousseau, Aimé, id.	1	»
Royer, Joseph, id.	20	»
Rossi, Martin, id.	5	»
Ramoger, id.	25	»
Rocard, id.	3	25
Ruffié, Bernard, Mers-el-Kebir,	5	»
Ramade, Valmy,	5	»
Renault, Félix, Oran,	20	»
Reynal, Jacques, Mangin,	1	»
Rocher, Alphonse, Oran,	1	»
Roch, Alexandre, id.	5	»
Roger, Louis-Charles, Oran,	1	»
Rebova, François, id.	1	»
Rouzier, Jules, id.	5	»
Regina, Antoine, id.	5	»
Regina, Pierre, id.	5	»
Ramier, Auguste, id.	3	»
Reynier, id.	1	»
Renier, François, id.	1	»
Rieu, Victor, Saint-Denis-du-Sig,	1	»
Royer, François, id.	1	»
Ravoux, Mostaganem,	6	»
Reillon, Jules, Saint-Cloud,	1	»
Rablat, Louis, id.	1	»
Richard, Alexand., id.	1	»
Roux, Marie, Oran,	2	»

MM. Raymond, François, Relizane,   1 »
Rodriguès, Jean, Tlélat,   1 »
Rimet, Eugène, Bou-Tlélis,   1 »
Ruis, Jean,   id.   3 »
Rougier, Pierre,   id.   5 »
Roubion, Alexandre, Tlemcen,   1 »
Ricca, Oran,   5 »
Rousset, Louis, route de Sidi-Chami,   5 »
Rousset, François,   id.   5 »
Ribière, Oran,   5 »
Ruet, Claude, Sidi-Chami,   5 »
Ruet, Eugène,   id.   1 »
Ruet, Emile,   id.   1 »
Reynaud, Ant.,   id.   5 »
Reymond, Louis,   id.   5 »
Ragonnet, Franç.,   id.   5 »
Ruso, Georges, Sidi-Marouf,   1 »
Rico, Damien, l'Etoile,   5 »
Reinig, Jacob, Saint-Georges,   1 »
Rouire, Antoine, Mascara,   5 »
Rigollet, Rose,   id.   2 »
Ricard, Pierre,   id.   3 »
Rabisse, Auguste, Fleurus,   5 »
Ramphio, Oran,   5 »
Rossi, Victor, Oran,   5 »
Reliaud frères, Bel-Abbès,   2 »
Roubière,   id.   5 »
Raveaux,   id.   5 »
Redon, Léopold,   id.   1 »
Rochefort, Jean,   id.   2 »
Rippert, Etienne,   id.   1 »
Ruis, Eugène, les Trembles,   2 »
Ramon, Estève, Lauriers-Roses,   2 »
Rixem, Oran,   5 »
Roggero, id.   5 »
Rousset, Misserghin,   5 »
Revoir, Adrien, Kléber,   2 »
Rina, Edouard, Oran,   5 »
Rouscada, Pierre, Arcole,   1 »
Regina, César, Oran,   6 »

MM. Rouch-Pons,	5	»
Rouzaud,	5	»
Reichemann,	5	»
Ruault,	5	»
Roger, Fleurus,	5	»
Rabis, id.	5	»
Ruel, Arzew,	5	»
Reynaud, Laurent,	5	»
Roussel, Oran,	5	»
Renard, Eugène. Oran,	6	»

S

MM. Saintpierre. Oran,	5	»
Staat, id.	2	»
Schneider, id.	5	»
Santrot, Frédéric, Oran,	5	»
Stuyck, Constant, id.	5	»
Sidi-Laribi, id.	10	»
Si-Ahmed-ould Cadi, Frenda,	25	»
Saint-Marc, Oran,	5	»
Salomon. Félix, Géryville,	2	»
Soria, Ruben, id.	1	»
Sourioux. Gilbert, Oran,	5	»
Schmitt. id.	10	»
Sazie, id.	25	»
Si Ali-ben-Abderrahman, Oran,	10	»
Simonin. Claude, Mers-el-Kebir,	5	»
Secourgeon. Eugène, Oran,	15	»
Saint-Jean (de), Eugène, Lalla-Maghrnia,	10	»
Saillard, Lucien, Tamzourah,	5	»
Sanrémo, Jules. Oran,	5	»
Saconi, Alexandre, id.	5	»
Serruya, Isaac, id.	5	»
Silva, Meichar, id.	5	»
Sicard, Antoine. id.	1	»
Soulican, Auguste id.	2	»
Sichep, id.	2	»
Sa... id.	5	»
Sp... id.	5	»

MM. Scando, Mardochée, Oran,   5   »
    Signoret, Léon,   id.   5   »
    Strauss, Max,   id.   1   »
    Si-Mustapha-ben-Ghaffer, Saint-Denis-du-Sig,   1   »
    Si-Mohamed-ben-Ghaffer,   id.   1   »
    Si-Abd-el-Kader-ben-Ghaffer,   id.   1   »
    Saintpierre, Antoine,   id.   1   »
    Seban, Chaloum,   id.   1   »
    Schlolivé, Michel, Saint-Cloud,   1   »
    Sahut, Jean-Baptiste, Relizane,   5   »
    Sauve, Victor,   2   »
    Schuler, Georges, Tlélat,   1   »
    Soltz, Ulysse, Bou-Tlélis,   1   »
    Saint-Amans, Aristide, Tlemcen,   1   »
    Somazzi, J.-Bte, Aïn-Temouchent,   1   »
    Sala, François,   2   »
    Sayac, Judas,   2   »
    Sauné, Jean, Sidi-Chami,   5   »
    Sommer, Joseph,   5   »
    Sommer fils,   2   »
    Segarra, François,   5   »
    Schilling, Christian,   1   »
    Soller, Joseph, Saint-Rémy,   2   »
    Serano, Sabas, Bou-Sfer,   5   »
    Soriano, Joseph,   5   »
    Si-Harafi, Mascara,   20   »
    Si-Tharni-bel-Aouni,   5   »
    Sanchez, Emeneterio,
    Sarillon, Hippolyte, Oran,   3   »
    Salomon, Mathias, Tiaret,   5   »
    Sentenac, François,   2   »
    Santiago, Francisco, Oran,   5   »
    Sanchez, Augustin,   5   »
    Sanonès, Jacob, Bel-Abbès,   5   »
    Selve, Pierre, Oued-Imbert,   5   »
    Semoune, Samuel, Oran,   10   »
    Suissa, Abraham,   5   »
    Sainte-Marie,   1   »
    Steffen, Pierre, Sainte-Léonie,   5   »
    Soubiran, Désiré, Oran,   5   »

MM. Sartor, Joseph,   id.   10 »
    Soudée,   id.   5 »
    Sigonnet,   id.   5 »
    Sahi, Saint-Louis,   2 »
    Schakey, id.   2 ».
    Salomon, Ben-Ferréah,   2 »
    Solano. Alexandre, Oran,   5 »
Mmes Sœur Theoles, Misserghin,   5 »
    Sœur Marie des Victoires, Misserghin,   5 »

T

MM. Terral, Oran,   5 »
    Tréhonnais (de la), Alger,   50 »
    Thévenard (de), Oran,   10 »
    Torracinta, Jean, id.   5 »
    Touzard,   id.   2 »
    Tonnet, Emile,   id.   5 »
    Teuram, Jean,   id.   1 »
    Trounet, Pierre, Saïda,   1 »
    Thomann, Misserghin,   5 »
    Troupel. Oran,   1 »
    Trouin fils, id.   5 »
    Tachet, Pierre, Oran,   5 »
    Tournier, Saint-Denis-du-Sig,   2 »
    Torrente, José,   id.   1 »
    Thévenot,   id.   1 »
    Thiault, Philistin, Saint-Cloud,   5 »
    Tabarot, Philippe, Oran,   1 »
    Testut, Eugène. Relizane,   10 »
    Thurot, Saint-Denis-du-Sig,   5 »
    Thomas, Oran,   5 »
    Tordjemane, Youssef, Aïn-Temouchent,   2 »
    Touboul- Jacob,   id.   1 »
    Triqueville (de), Emile, Aïn-el-Arba,   5 »
    Tricotel, Stanislas, Saint-Rémy,   1 »
    Tirolli, Charles, Tiaret,   5 »
    Torregrossa, Joseph. id.   3 »
    Traverso, Bernard, Oran,   5 »
    Théus, Bel-Abbès,   5 »

MM. Thans, Eugène, Bel-Abbès,   2   »
    Teibout, Joseph,   id.   2   »
    Tomas, Dominique, Lauriers-Roses,   2   »
    Touboul, Joseph, Oran,   3   »
    Touboul, David,   id.   3   »
    Trabuc, Placide, Kléber,   5   »
    Triqueville, Oran,   15   »
    Tassilly, Assi-Ameur,   5   »
    Thévenot, Oran,   5   »
    Teur, Arcole,   5   »

V

MM. Viollet, Oran,   5   »
    Vincent, Ferdinand, Saint-Cloud,   5   »
Mme Voinson (veuve), Kléber,   1   »
MM. Voinson, Alexandre, id.   1   »
    Vivier, Laurent, Saint-Denis-du-Sig,   5   »
    Vignes, Jean, Bel-Abbès,   1   »
    Vrolik, Charles,   2   »
    Vessiot, Mascara,   5   »
    Villanova, Abdou,   2   »
    Villanova, Jean,   20   »
    Vuillermot, Joseph, Bou-Sfer,   5   »
    Viollette,   id.   5   »
    Varnier,   id.   5   »
    Vial, Antoine, Aïn-el-Turk,   1   »
    Vassas, Antoine,   id.   5   »
    Viain, Gaëtan, Oran,   5   »
    Vidès, Léonard, id.   5   »
    Vermilliet, Louis, Valmy,   5   »
    Vaurillier, Pierre, Oran,   2   »
    Vigne, Valmy,   5   »
    Valette fils, id.   5   »
    Vauvillier, Pierre, Oran,   5   »
    Valette, David,   id.   1   »
    Vellard, François, id.   1   »
    Vachier, Henri, Misserghin,   1   »
    Vanio, Paul, Oran,   1   »
    Villet, Jules,   id.   5   »

MM. Vallois, Antoine, Oran,   5   »
    Vincent, Joseph,   id.   5   »
    Vivier, Benoît, Saint-Denis-du-Sig,   1   »
    Vernier, Ferdinand, Saint-Cloud,   5   »
    Vincent, Arsène,   1   »
    Vœgelin, Jacques, Rio-Salado,   1   »
    Vidal, Aïn-Kial,   5   »
    Vialla, Claude, Assi-ben-Okba,   5   »
    Vidal, Jean, Aïn-Midj,   5   »
    Vidal, Oran,   5   »
    Vermersch, Jules, Oran,   5   »

W

MM. Wimpffen (général de), Oran,   50   »
    Wittersheim,   id.   10   »
    Waille,   id.   5   »
    Weippert,   id.   5   »
    Wolbert, Hermann, Saint-Denis-du-Sig,   2   »

X

M. Ximenez, dit Mas, Saint-Denis-du-Sig,   1   »

Y

M. Yllouz, Abraham, Oran,   5   »

ORAN — IMPRIMERIE TYPOGRAPHIQUE ET LITHOGRAPHIQUE AD. PERRIER